全国生态环保优质
农业投入品（肥料产品）典范（第二卷）

农业农村部农产品质量安全中心　编

中国农业科学技术出版社

图书在版编目（CIP）数据

全国生态环保优质农业投入品（肥料产品）典范. 第二卷 / 农业农村部农产品质量安全中心编. --北京：中国农业科学技术出版社，2022. 11
ISBN 978-7-5116-6031-2

Ⅰ. ①全…　Ⅱ. ①农…　Ⅲ. ①农产品－质量管理－中国 ②肥料－质量管理－中国　Ⅳ. ①F326.5

中国版本图书馆CIP数据核字（2022）第 230975 号

责任编辑　周　朋
责任校对　马广洋
责任印制　姜义伟　王思文

出 版 者　中国农业科学技术出版社
北京市中关村南大街 12 号　　邮编：100081
电　　话　（010）82106631（编辑室）　（010）82109702（发行部）
（010）82109709（读者服务部）
网　　址　https: // castp.caas.cn
经 销 者　各地新华书店
印 刷 者　北京捷迅佳彩印刷有限公司
开　　本　185 mm × 260 mm　1/16
印　　张　10.5
字　　数　249 千字
版　　次　2022 年 11 月第 1 版　　2022 年 11 月第 1 次印刷
定　　价　168.00 元

《全国生态环保优质农业投入品（肥料产品）典范（第二卷）》

编　委　会

目　录

※※ 第一部分　生产试点单位 ※※

※※ 第二部分　应用试点单位 ※※

※※ 第三部分　业务技术依托机构 ※※

第一部分

生产试点单位

中农绿康（北京）生物技术有限公司

一、单位概况

中农绿康（北京）生物技术有限公司坐落于北京市延庆区中关村国家自主创新示范区延庆园内，是一家集农用微生物制剂研发、生产、销售、服务于一体的国家级高新技术企业。

公司自2007年成立以来高度重视科技创新，形成了以教授、博士、硕士为主体的研发团队，建立了植物微生态制剂的科技创新体系。公司先后承担了国家重点研发计划等国家级和省部级科研项目10余项，取得发明专利20余项，获得科技成果奖励20余项。公司拥有先进的研发设备，建立了7条微生物发酵、后处理、制剂加工等生产线及其配套设施，年产3万吨以上。主营产品有微生物菌剂、生物有机肥、抗重茬微生态制剂、有机物料腐熟剂、防线虫微生态制剂等11个系列31种具有影响力的产品，获得了农业农村部肥料登记证、北京市新技术新产品（服务）证书，以及我国和欧盟、美国、日本的有机投入物认证证书。

二、纳入典范产品特征介绍

典范产品1：抗重茬微生态制剂

抗重茬微生态制剂的研制以获得2010年度国家科学技术进步奖二等奖的项目“芽孢杆菌生物杀菌剂的研制与应用”为核心技术，选用抗病促生的芽孢杆菌为核心菌株，通过调节土壤、根际和根内微生物的组成和结构，提高有益微生物的数量，抑制病原菌以及有害菌，预防连作重茬引起土传病害加重以及作物产量和品质下降的问题，从而达到使作物成活率高、根系发达、生长旺盛、抗逆性强、产量增加和品质改善的目的。

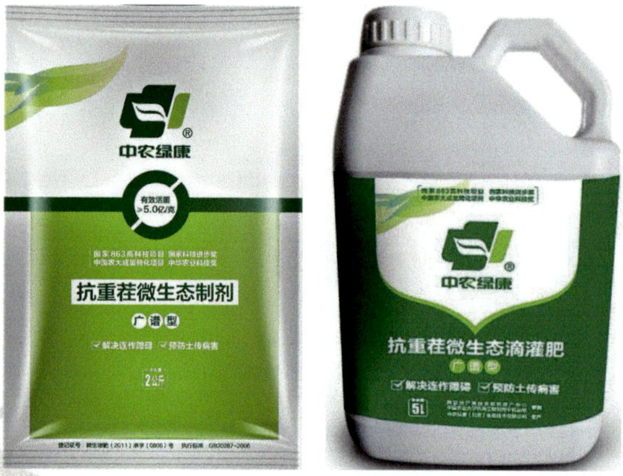

抗重茬微生态制剂系列产品包括广谱型、蔬菜专用型、马铃薯专用型、草莓专用型等，有粉剂、颗粒、液体3种剂型。本产品获北京市新技术新产品（服务）证书，以及我国和欧盟、美国、日本的有机投入物认证证书；获2013年中国产学研合作创新成果奖，2013年首都职工自主创新成果二等奖，第13届、第15届北京发明创新大赛银奖，第11届北京发明创新大赛—京津冀协同创新优秀奖，“中国移动杯”暨第九届北京发明创新大赛优秀奖，2017年优秀科技成果大赛银奖。

典范产品2：防线虫微生态制剂

防线虫微生态制剂是根据植物微生态学理论，选用对线虫有击倒作用的高效芽孢杆菌和淡紫拟青霉，采用现代微生物发酵技术加工制备而成的农用微生态制剂。本产品有粉剂和液

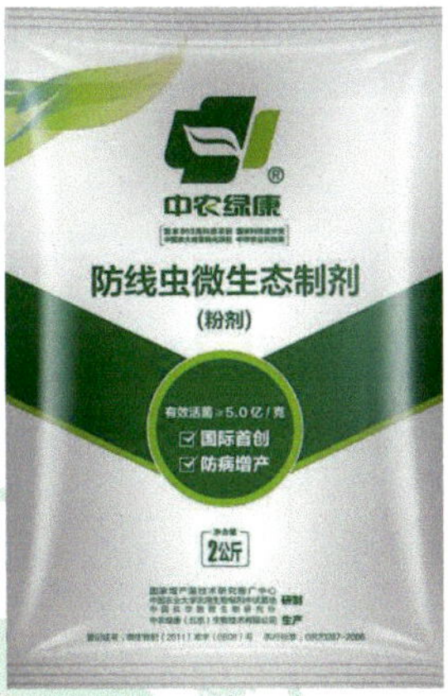

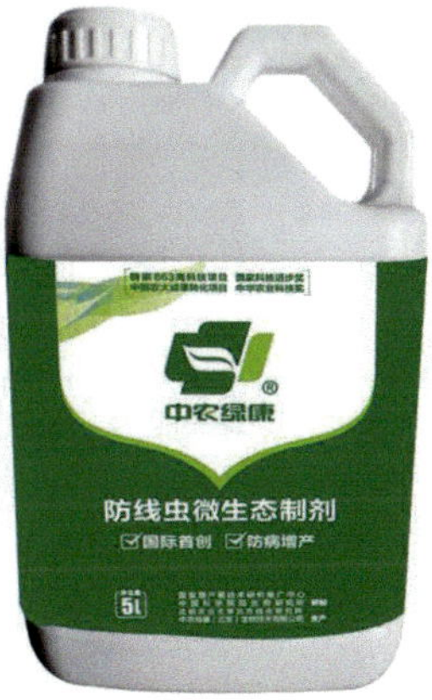

体两种剂型，可满足基施、穴施、蘸根、灌根、滴灌等不同的施肥方式。本产品施入土壤后，生防菌迅速繁殖并产生代谢产物，在土壤中形成优势菌群，在植物根系周围形成严密的保护层，进而减少和降低根结线虫的发病率，达到预防和控制线虫病害、增产提质的效果。

凭借产品的技术优势和卓越功效，“防线虫微生态制剂的创制与应用”项目被北京市科学技术协会评为“北京优秀青年工程师创新工作室”C 类项目，获得 2020 年产学研合作创新成果奖。

典范产品3：绿康威

绿康威是根据植物微生态学理论，研制开发成功的第五代植物微生态制剂，适用于多种作物，无毒、无害、无污染，获得我国和欧盟、美国、日本的有机投入物认证证书，是绿色食品和有机食品生产的首选产品。绿康威系列产品有广谱型、果树专用型以及中药材专用型等，能够满足多种作物需要。

产品特点：

①调控经济作物微生态平衡，促进生长，增加产量。

②增强作物的抗病和抗逆性，预防青枯病、白粉病、角斑病等。

③改善品质，提早成熟。

使用方法：

①拌种：润湿种子，每亩种子用 20 ~ 40 克菌剂拌种。

②蘸根：稀释 200 ~ 250 倍液，浸蘸 10 分钟，即可栽植。

③灌根：稀释 400 ~ 500 倍液，进行灌根。

④喷施：稀释 700 ~ 750 倍液，从苗期开始，间隔 10 ~ 15 天喷施一次，喷 2 ~ 3 次。

联系人	张丽霞	联系电话	18910113271
传　　真	010-61165379	电子邮箱	Zhanglixia6240@163.com
通信地址	北京市延庆区八达岭经济开发区东环路8号	网　　址	www.bjznlk.cn

北京双龙阿姆斯科技有限公司

一、单位概况

北京双龙阿姆斯科技有限公司是专业从事农用微生物制品研究开发、技术转让和生产销售的企业。公司具备前沿的科研创新能力，紧跟国际产品及技术发展趋势，根据各种作物需肥规律及不同土壤特点，研制出了适用性广、活性高的“壮园肥”系列微生物肥料。

公司从事领域：微生物肥料；土壤修复与相关工程；农产品收购与销售。

公司拥有各种肥料的核心资源优势（如羊粪、腐植酸、氨基酸原液等），拥有完整的各种肥料的生产技术设施和相关技术配方；拥有全国各地的直属工厂和加盟厂 10 家，方便客户的选择以及运输。

二、纳入典范产品特征介绍

典范产品1：生物有机肥

生物有机肥的主要原料有微生物菌剂、畜禽粪便等，经无害化处理、腐熟而成。产品功能：抗重茬；改良、疏松土壤；抗病害；提高坐果率，预防作物早衰、早期落叶、落花，促进作物早熟，延长采收期等。生物有机肥中合理的多元素、有机质配比可以降低无机化肥使用量，补充和均衡土壤营养。

典范产品2：微生物菌剂

微生物菌剂采用有广谱型抑菌作用的微生物，经过特殊提纯工艺发酵而成，按剂型可分为液体、粉剂、颗粒型。产品主要功能：在作物根际大量繁殖，防止土传病，提高作物产量，为农作物提供营养元素，促进作物生长发育；改善农作物品质，使作物果实饱满，提高农作物安全性；微生物菌剂中有益菌可以改善土壤中养分的供应状况，有提高土壤通透性等多种作用，达到改善土壤、提高作物品质的目的。

典范产品3：复合微生物肥料

复合微生物肥料是由特定微生物与营养物质复合而成，功能全面，主要功能：提高土壤保水、保肥能力；高效微生物菌群，肥效持久；多种生物酶、生物激素，促进作物根系发达、生长旺盛；提高农产品的商品属性，增产增收。

联系人	孙明明	联系电话	13811471591
传　　真	010-61202512	电子邮箱	821785251@qq.com
通信地址	北京市朝阳区兴隆中街8号院	网　　址	www.slamms.com

河北九知农业科技有限公司

一、单位概况

河北九知农业科技有限公司成立于 2013 年，是致力研究、推广和应用生物技术、智能装备制造信息化一体技术，解决环境治理领域废弃物资源综合利用的高新生态技术企业。目前公司共有员工 41 名。公司共有两条有机肥生产线，2020 年产量超过 3 万吨，产值接近 2 100 万元。公司核心专家来自国际知名 500 强企业及国际领先院所，创新型科技填补国内空白，是国家循环低碳环保技术标准领跑者。公司拥有国家生物有机肥生产资质，以及垃圾收集、清运、处理等服务国家一级资质，是重大科技示范科技工程“渤海粮仓”关键技术支撑、国家“十三五”农业面源污染治理技术突破点。公司已完成多项省级科技课题，获得两项行业技术标准、两项科技推广技术一等奖；有废弃物等垃圾综合高值利用、生态治理修复技术专利 30 多项；获得 ISO 9001: 2015 质量管理体系认证、ISO 45001: 2018 职业健康安全管理体系认证、ISO 14001: 2015 环境管理体系等认证。

二、纳入典范产品特征介绍

典范产品1：炭基高碳有机肥

产品特点：

①改良土壤。增加土壤有机质的含量，明显改善土壤理化性状，增加土壤有益微生物的数量，保水保肥能力增强。

②预防病虫。富含多种活性酶、植物促生长因子、活性益生菌，能够改善土壤生物环境，对病原菌产生抑制和拮抗作用，有效预防多种病虫害。

③增产提质。分解土壤中固定的磷钾元素，提高化肥利用率，从而提高作物产量，并能改善农产品的外观、口感等品质。

适用于大田作物、蔬菜、果树、中草药及其他经济作物。可用作底肥，根据作物种类选择撒施、沟施或穴施，亩施用量 200 千克以上。根据不同土壤肥力水平和农作物种类，酌情使用。

典范产品2：精制有机肥

产品特点：

①改良土壤。增加土壤有机质的含量，明显改善土壤理化性状，增加土壤有益微生物的数量，保水保肥能力增强。

②预防病虫。富含多种活性酶、植物促生长因子、活性益生菌，能够改善土壤生物环境，对病原菌产生抑制和拮抗作用，有效预防多种病虫害。

③增产提质。分解土壤中固定的磷钾元素，提高化肥利用率，从而提高作物产量，并能改善农产品的外观，口感等品质。

适用于大田作物、蔬菜、果树、中草药及其他经济作物。可用作底肥，根据作物种类选择撒施，沟施或穴施，施用量200千克以上。根据不同土壤肥力水平和农作物种类，酌情使用。

联系人	冯书妙	联系电话	18632123017
传　　真	/	电子邮箱	1371140642@qq.com
通信地址	河北省石家庄市高新区湘江道319号B座	网　　址	/

保定瑞沃斯环境科技有限公司

一、单位概况

保定瑞沃斯环境科技有限公司是一家以集成创新驱动的生态肥料公司，为高品质农产品生产者提供安全、长效、稳定的生态肥料和可持续的土壤生态平衡解决方案。公司位于河北省定兴县肖村乡，占地面积 110 亩，总投资 1.3 亿元，主营生物有机肥、复合微生物肥料、微生物菌剂和土壤调理剂等产品，年产能 10 万吨，产值约 2 亿元。

为了持续提升企业核心竞争力，公司整合国内外优势资源，建立了完善的研发中心、检验中心、生测中心，投入运行行业领先的数字化智能分类发酵工艺装备，在行业内率先实现了清洁化、智能化生产。公司立足行业背景，提出了“生态平衡、自然美好”的品牌承诺，致力于构建作物与土壤之间的土壤生态平衡、人与自然之间的作物生态平衡以及人与人之间的商业生态平衡，持续为社会提供健康、高品质的农产品，满足消费者对美好生活的追求。

二、纳入典范产品特征介绍

典范产品1：生物有机肥

公司生产的大幸牌生物有机肥系列产品采用行业领先的智能化 EPDC 生产线和数字化发酵、高能活化与微生物组团技术精制而成，可快速改善土壤微生态、活土松土、促根壮苗、改善作物品质和提升产量。

主要技术指标：有效活菌数≥ 10 亿个 / 克、有机质≥ 50%。

产品特点：

①不烧苗，更易吸收。添加食用菌棒、大豆渣、肉骨粉等饲料级原料，运用数字化发酵，精准腐熟，彻底消除致病菌、有害虫卵、杂草种子和抗生素残留，不烧根、不烂苗；能活化有机物料，使有机营养充分分解，更易被吸收利用。

②松土生根，高抗重茬。采用定向培育的多种微生物与活性酶体系组团，定殖能力强，施用后活性菌快速繁殖，松土生根，重塑根际微生态平衡，高效抗重茬。

③调酸抑碱，促根壮苗。特别添加中微量元素和生物刺激剂，调节土壤酸碱平衡、促进生根，提升抗病能力和作物品质。

典范产品2：复合微生物肥料

瑞沃斯复合微生物肥料根据植物营养平衡原理，科学配比设计精制而成，肥效快而不猛、缓急相济，实现了平衡高效的养分供给，为作物构建起一个生态安全的耕作屏障，具有改良土壤、抗病壮苗、提高无机养分利用率、矫正生理缺素症、提升产量和品质的功效。

产品主要技术指标：有效活菌数≥6亿个/克；总养分≥8%；有机质≥40%；腐植酸≥5%。

产品特点：

①养分全面，高效吸收。集团专供肉骨粉资源，通过数字化分类发酵和高能活化处理，富含有机态氮、磷、钙、镁、硫、锌、硼、锰、铁、钼、硅、氨基酸、多肽、腐植酸等营养元素，分子量小，吸收利用率高，可快速改善土壤团粒结构，平衡土壤养分供应，促进根系养分吸收。

②微生物组团，防病抗逆。公司定向培育的多功能菌团在根际土壤快速大量繁殖，形成优势菌群，改善土壤微生物群落结构，增强植株分蘖拔节、防病抗虫、抗倒伏能力，预防病害发生。

③ME菌酶增效，有效缓解连作障碍。通过功能微生物菌群和活性酶复合增效作用，可快速分解作物连作产生的有害代谢物质，改善连作作物的根际环境，防死棵，壮秧苗。

联系人	耿春斌	联系电话	19912179992
传　　真	0312-2458868	电子邮箱	944149293@qq.com
通信地址	河北省保定市定兴县肖村乡北七村	网　　址	dacin.cc

河北祥术有机肥有限公司

一、单位概况

河北祥术有机肥有限公司位于衡水市冀州区门家庄乡西堤北村，注册资金 1 000 万元整，公司占地 20 亩，总建筑面积 2 700 平方米，专业从事畜禽粪便无害化处理，以及有机肥料、生物有机肥料的研制、开发、生产与销售。

公司技术实力雄厚，企业证件、环评手续齐全，积极响应政府环保政策，大力实施技改工作，现为衡水市冀州区一家正规的、手续齐全的利用禽畜粪便生产生物有机肥的企业。

公司拥有 3 条现代化的有机肥生产线，拥有职工近百人，其中高中级专业技术人员 30 余名。年产量可达 30 多万吨，可年处理 40 多万吨畜禽粪便、5 万多吨各种植物秸秆。

公司产品有机质含量高，配方科学，养分齐全，经权威检测机构检验全部合格，经科学实验验证可以有效改良土壤结构、改善土壤板结，提高土壤有效活性菌群、复合微生物含量，是当前生产无公害农产品的良好肥料。产品对作物生长起到营养、调理和保健的作用，可以增强作物抗逆、抗病、抗重茬等性能，还可以提高果蔬品质，促进产业升级增效。

二、纳入典范产品特征介绍

典范产品1：生物有机肥（颗粒）

生物有机肥，产品形态为颗粒，有效菌种为枯草芽孢杆菌，有效活菌≥ 0.2 亿个 / 克，有机质≥ 40.0%。

产品特点：

颗粒状易撒施，环保，肥效长，具有缓释作用。一般在粮食作物和蔬菜栽培以前作基肥使用，产品规格 40 千克 / 袋。主要原料为养殖场的猪粪、牛粪等，运用生物发酵技术，经科学加工处理（生物发酵、高温杀菌、除臭、干燥），制成具有品质优良、肥效稳长的绿色、环保高效生物有机肥料。生物有机肥在生产过程中加入枯草芽孢杆菌，枯草芽孢杆菌在生长程中产生的大量枯草菌素、抑菌肽、细菌药物素等多种生物活性物质，可合成大量的 α- 淀粉酶、蛋白酶与纤维素酶等。大量有益菌在植物的根系周围形成了优势种群，抑制了其他有害菌的生命活动，快速分解土壤有机物质，促进土壤团粒的形成，疏松土壤，使土壤的保肥、保水及透气性都得到很好的调节。

典范产品2：生物有机肥（粉剂）

生物有机肥，产品形态为粉剂，有效菌种为枯草芽孢杆菌，有效活菌≥ 0.2 亿个 / 克，有机质≥ 40.0%。

产品特点：

成本较低，见效快，易吸收。一般在粮食作物和蔬菜栽培以前作基肥使用，产品规格 40 千克 / 袋。主要原料为养殖场的猪粪、牛粪等，运用生物发酵技术，经科学加工处理（生物发酵、高温杀菌、除臭、干燥），制成具有品质优良、肥效稳长的绿色、环保高效生物有机肥料。生物有机肥在生产过程中加入枯草芽孢杆菌，枯草芽孢杆菌在生长程中产生的大量枯草菌素、抑菌肽、细菌药物素等多种生物活性物质，可合成大量的 α- 淀粉酶、蛋白酶与纤维素酶等。大量有益菌在植物的根系周围形成了优势种群，抑制了其他有害菌的生命活动，快速分解土壤有机物质，促进土壤团粒的形成，疏松土壤，使土壤的保肥、保水及透气性都得到很好的调节。

典范产品3：复合微生物肥料

复合微生物肥料，产品形态为液体，有效菌种为枯草芽孢杆菌，有效活菌数≥ 0.50 亿个 / 毫升，氮磷钾≥ 20%，产品规格 5 升 / 桶。

产品特点：

可以有效预防有害病菌，膨果着色增甜。复合微生物肥料充分将无机肥料、有机肥料和有益微生物三者结合，使其互相补充，真正起到 1+1+1>3 的作用。不仅给作物生长提供所需的氮磷钾和中微量元素外，还能为作物提供有机质和有益活性菌。有机质能促进氮磷钾吸收，微生物加速分解有机质，有机质助力微生物繁殖，从而达到活化、疏松土壤及提高土壤肥力的作用。有益微生物菌的大量繁殖，可以把多年沉积固定在土壤中的化学肥料活化后再一次供农作物吸收利用。

联系人	张立勤	联系电话	13184765362
传　　真	/	电子邮箱	1243806055@qq.com
通信地址	河北省衡水市冀州区竹林大街213号	网　　址	/

河北上桥生物科技有限公司

一、单位概况

河北上桥生物科技有限公司成立于2015年，注册资金300万元。是一家专业从事水溶肥料、含腐植酸肥料和新型肥料的研发、生产、销售的涉农企业。

公司注册商标5件，分别为上桥、邯丹、桥实力、巧实力、上桥微玖；拥有发明专利1项、实用新型专利3项。企业在产品研发、产品技术方面具有核心优势，产品具有全水溶性，使用方便、样式多，备受广大用户的青睐。

二、纳入典范产品特征介绍

典范产品1：丰甜宝水溶肥

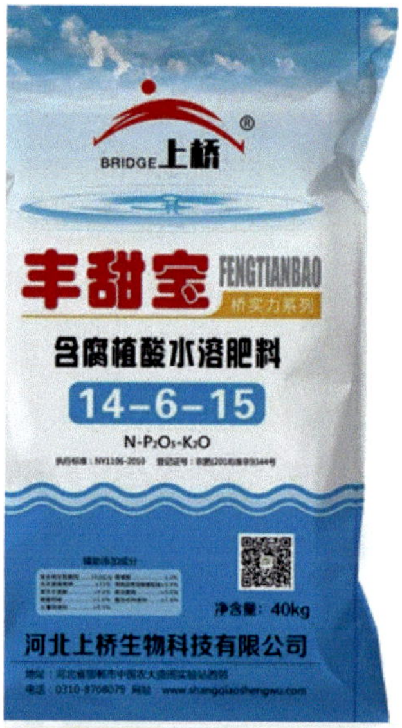

丰甜宝水溶肥是公司研发试验多次，并历经3年多地80多种作物试验成功之后推出的一款更高效、拥有更强大的技术配方的一款水溶肥。丰甜宝在市场上走过了6个年头，经过了3次包装升级、5次配方升级，每一次的配方升级都经过了上百种作物、上千次的实验才确定了每一个养分的含量。丰甜宝真正地做到了有机（腐植酸、黄腐酸、聚谷氨酸、聚天冬氨酸等）、无机（氮磷钾）、微生物、中微量元素合理配方。

大袋肥料4种养分（大量元素养分+腐植酸养分+中微量元素养分+微生物肥养分）全溶速溶、不留残渣，使用方便。

典范产品2：上桥颗粒

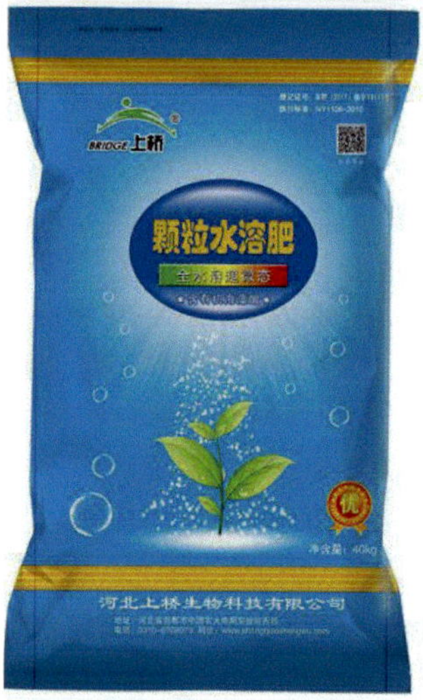

含腐植酸水溶肥是公司与中国科学院共同研发制出的全水溶肥料，是采用络合技术整合的全元素肥料。

产品特点：

①氮磷钾科学配比、同步吸收，而且能够提高土壤养分的利用率。

②稳定地温，提升根系萌发力，使作物在低温下吸水、吸肥能力更好。

③壮根、养根，冲施后可迅速被根系吸收，活力生根并对根系有修补再生功能，根白、根长、毛细根数量增加。

典范产品3：上桥微玖含腐植酸液肥

本产品菌种多功能性强大，辅助添加活菌，防病又养根。连续使用3次，可降低作物发病率。

产品特点：

①抗重茬，防根腐，预防土传病害，抑制根结线虫。

②分解土壤当中的盐分，降解土壤重金属含量，增加土壤有益菌数量，改良土壤团粒结构，恢复土壤肥力。

③生根、养根、护根，强大作物根系。

④提高农产品品质，增产增收。

联系人	郭永辉	联系电话	15632089510
传　　真	/	电子邮箱	365128093@qq.com
通信地址	河北省邯郸市中国农业大学曲周试验站西邻	网　　址	Shangqiaoshengwu.com

内蒙古大有生物肥业股份有限公司

一、单位概况

内蒙古大有生物肥业股份有限公司是一家主要为解决化肥造成的土壤板结、污染和控制农家肥造成的土传病害传播而投建的环保型企业。公司成立于 2011 年，厂区位于呼和浩特市和林格尔盛乐经济园区东区，占地面积 170 亩，总投资约 1.12 亿元。公司秉承着“改善食品安全，造福子孙后代，牧仑只为人类健康幸福”的企业宗旨，打造国内生物有机肥第一品牌。

公司所生产的牧仑牌产品，包括生物有机肥、含腐植酸水溶肥料、有机肥、腐植酸及系列产品、花卉肥、庭院肥 6 大系列 20 多个品种，可用于不同地区的土壤和各种农作物。产品可满足农作物生长的全过程所需，包含播种时的底肥和农作物生长期的追肥。

公司通过了质量管理体系、环境管理体系、职业健康管理体系的认证，取得了肥料登记证，产品通过了有机认证。公司拥有 14 项实用新型专利。公司获内蒙古自治区重点龙头企业、消费者信得过优秀单位、用户满意单位、合作社喜爱的农资品牌称号，通过自治区质量信用等级 AAA 级企业认证。

二、纳入典范产品特征介绍

典范产品1：生物有机肥

公司生产的生物有机肥以草原牛羊粪为主要原料，添加优质腐植酸和优质生物菌，可以改善土壤环境，促进农作物根系生长，提高根系扩展能力；平衡植物营养、均衡吸收，提高农作物抗逆性，减少农药使用量；提高肥料利用率；改善土壤板结，改良土壤有益微生物群，提高农作物抗病能力和再生能力，减少土传病害传播，具有抗重茬功效；增强土壤保水能力，提高农作物抗旱能力；增加农作物产量，改善品质，提高收益。

典范产品2：有机肥料

公司生产的生物有机肥以草原牛羊粪为主要原料，添加多种中微量元素，养分全面、肥效稳定而持久；可以改良土壤，培肥地力，能有效地疏松土壤，提高土壤耕性，增强土壤的保肥保水能力；可以有效促进土壤微生物的活动，加速溶解土壤中的难溶养分，协调农作物对土壤中微量元素的吸收，提高肥料利用率，减少环境污染；可以提高农作物的抗逆性和抗病性，减少农药的使用量；可以增加产量，提高品质，对生产无污染的安全卫生的绿色食品十分有利。

典范产品3：腐植酸水溶肥

公司生产的含腐植酸水溶肥是农作物的专用肥料，包括玉米、马铃薯、向日葵、苜蓿、甜菜、茄果蔬菜、叶菜蔬菜等。富含农作物生长所需的大量元素氮、磷、钾，促进农作物根、茎、叶生长，增大光合作用面积；富含不同农作物生长所需的微量元素，延长花期，提高坐果率，减少畸形果。根据不同农作物生长阶段的养分需求量，进行合理配比加工专用肥料，提高农作物产量，改善品质，具有预防病虫害、抗旱、抗倒伏、抗寒的作用，是农作物的动力肥。

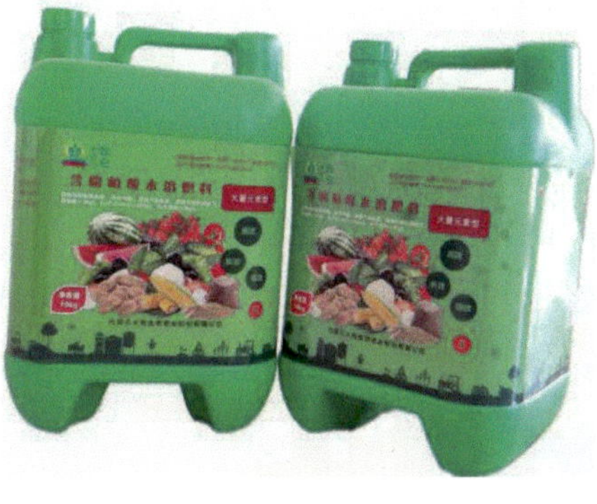

联系人	王建喜	联系电话	13074700258
传　　真	0471-7398503	电子邮箱	405395856@qq.com
通信地址	内蒙古自治区呼和浩特市和林格尔县盛乐经济园区东区	网　　址	www.dyswf.com

甘南县龙头岭有机肥有限公司

一、单位概况

甘南县龙头岭有机肥有限公司成立于 2009 年 10 月，地处甘南县兴十四村，注册资金 1 000 万元，公司主要从事微生物肥料与有机肥的生产与经营，具有 2 条固体肥料生产线和 1 条液体肥料生产线，年生产能力 5 万吨。

公司成立以来，始终坚持为生态农业服务的根本理念，以科技为第一生产力，与国内外多家科技机构建立广泛的合作关系，与黑龙江省科学院微生物研究所合作成立生物有机肥新产品研究中心，极大促进了科技成果在企业的落地转化。相继开发出新型生物有机肥、复合微生物肥料、水稻菌床营养液、盐碱地改良专用肥料等系列产品。公司引进技术成果 4 项，实收发明专利一项，申报发明专利多项。

二、纳入典范产品特征介绍

典范产品1：生物有机肥

龙头岭牌生物有机肥是农业农村部登记产品，由充分腐熟的禽畜粪便、农作物秸秆、腐植酸、麦饭石功能性微生物菌剂等主要成分组成，具有强大的土壤修复功能，其丰富的有机质在土壤中为有益的微生物菌提供有利的生存空间，使其群体迅速繁殖扩大，从而活化土壤中被固定的营养元素。提高肥料利用率。疏松土壤，保水保肥，提高农作物的抗逆性，加速农药与除草剂降解，提高农作物产品品质。复合有机农产品的种植要求成分保证值：有机质≥ 40%，有效活菌数≥ 0.2 亿个 / 克。

本产品可用作基肥与口肥，翻地前施用，水稻及旱田 40 ~ 60 千克 / 亩，保护地与贫瘠耕地适量增加。

典范产品2：复合微生物肥料（固体）

龙头岭牌复合微生物肥料是农业农村部登记产品，由腐熟的禽畜粪便、腐植酸、功能微生物菌剂和化学肥料混配加工而成。其具备有机肥长效作用、化肥的速效作用，以及微生物的增效作用。本产品能够改善土壤的团粒结构，保肥、保水营养全面，提高农作物品质，符合绿色农产品种植要求，是掺混肥、复合肥料理想的替代产品。

典范产品3：复合微生物肥料（液体）

本产品按液体复合微生物肥料标准生产，总养分（氮、磷、钾）≥ 15%、有效活菌数 0.5 亿个 / 克，含有多种微量元素（锌、硼、铁、镁）。可用于作物不同生长期补充营养使用。顺水冲施，省工、省时、省肥，使用方便，是目前农业生产、水肥一体化的理想肥料。

产品特点：

①均衡营养，快速补充作物各个生长期的营养需求，解决作物因脱肥造成的减产，增加干物质积累及增产效果明显。

②降解农药残留，减少出现因过度使用化肥、激素而造成的各种病害及土壤板结现象。净化土壤、提高农作物品质效果明显。

③增强作物抗逆性及光合作用，促生根效果明显，抗倒伏能力强。

一般亩用量 10 ~ 15 千克，可根据地力情况调节施肥量。

联系人	王书功	联系电话	13263525152
传　　真	0452-6320142	电子邮箱	2789611153@qq.com
通信地址	黑龙江省齐齐哈尔市甘南县兴十四村	网　　址	/

兴农药业（中国）有限公司

一、单位概况

兴农集团创立于1955年，以农立业，努力集化学合成、植物保护、生物发酵和食品安全等四大科学领域为核心。

兴农药业（中国）有限公司成立于2001年，占地面积60亩，产品达百余种。公司已建成液体肥料生产车间，年产能约3 000吨，固体肥料生产车间，年产能约3 000吨，微生物肥料生产车间，年产能约500吨。公司拥有先进的各类精密分析仪器，包括Agilent气相色谱仪、高效液相色谱仪、原子吸收光谱仪、定氮仪等，由公司的检测中心严格控制产品质量。2013年公司取得了ISO 9001质量管理体系认证，进一步规范了公司所有的作业体系，为确保产品质量提供了更强而有力的支撑。

公司资产3.7亿元，年销售额5.5亿元。在全国各地分布了约150名作物讲师深入农村，在中国市场推广药微肥2.0产品群。

二、纳入典范产品特征介绍

典范产品1：善玉肥复合微生物肥料

微生物肥（2017）准字（2305）号。

产品特点：

①高活性枯草芽孢杆菌，菌种耐酸碱、高温、干旱能力强。

②提高土壤磷肥利用率；具有独特配方成分，活化肥料中养分，使养分被作物直接吸收，特别促进作物对磷肥的吸收，加强肥效，减少肥料施用量。

③促进生根，促生长；益菌抑菌，防病害。

④增强抗逆，助增产；强化中微量元素吸收，诱导作物提高抗逆能力，激发免疫力，调节土壤、肥料、微生物三相平衡，定期使用可缓解连作障碍。

典范产品2：神真水复合微生物肥料

微生物肥（2018）准字（2541）号。

产品特点：

①蕈状芽孢杆菌，菌种独特；具有独特配方成分，可使用于植物叶面及根部，以提升植

物细胞壁组织厚度，形成物理性屏蔽，达到植物初期的保护作用。

②提高土壤钾肥利用率；有解钾特性，可增加钾肥吸收效果，促进糖类及蛋白质合成，帮助果实肥大，促进水分吸收、细胞扩张，可产生生长素（IAA），促进根系发育。

③上下传导，诱导抗病；本产品可诱导作物产生自身防御机制，强化作物免疫能力，提升作物抗逆境及病害能力，促进作物生长，有效缓解土传病害。

④益菌抑菌，防病害。

⑤增强抗逆，助增产。

典范产品3：增正豪微生物菌剂

微生物肥（2021）准字（10126）号。

产品特点：

①高活性解淀粉芽孢杆菌。

②代谢产物多样；分泌多种酶、植物生长素、溶菌素等。

③菌株活力强；菌繁殖速度快，进入土壤后可快速在植株根系形成保护罩。

④耐高温，适应性强；田间使用不受温度、光照等影响，适用性广。

⑤桶混性好（药、肥）；可与大多数杀菌剂、杀虫剂、肥料混配。

⑥促进植株生长；分泌生长素（吲哚乙酸），促进生长；分泌有机酸（柠檬酸、草酸）活化养分，提高土壤肥料利用率；产生细胞分裂素，延长采收期；改良土壤，增加土壤有机质含量。

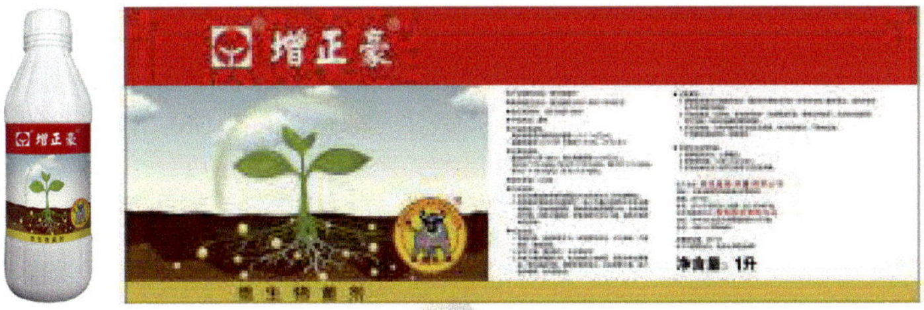

联系人	刘敏婕	联系电话	15021950903
传　　真	021-57493703	电子邮箱	nancyliu@sinon.com.cn
通信地址	上海市奉贤区柘林镇北村路28号	网　　址	www.sinon.com.cn

上海赛安环境科技有限公司

一、单位概况

赛安环境科技有限公司位于上海，是一家专注于处理湿垃圾（厨余垃圾、餐厨垃圾、生活垃圾）设备技术研发、生产、销售、运维，集有机肥生产、销售为一体的综合型高新技术企业。公司在湿垃圾减量化、无害化、资源快速再生领域技术达到国内领先、国外先进水平。已自主研发申请及拥有湿垃圾资源再生工艺设备、垃圾渗滤液污水治理、物料除盐技术以及污水净化处理、有害气体治理方面的多项发明及实用新型专利，设备已应用于村镇、农贸批发市场、城市大型湿垃快速资源化再生项目，产出的有机肥有机质含量高，对土壤治理、修复，以及化肥减量增效有着积极的作用。赛安环境获评湿垃圾转化有机肥领域唯一一家全国生态环保优质农业投入品（肥料）生产及应用双试点单位。

二、纳入典范产品特征介绍

典范产品：湿垃圾转化生物有机肥

Airfree 牌湿垃圾转化生物有机肥是利用湿垃圾为原料（包含厨余垃圾、餐厨垃圾等），通过公司自主研发的生化处理工艺和设备，在中高温复合型微生物菌种的作用下制成，有机肥的制造过程富含创新性、科学性、先进性。可在 24 小时内有效地将湿垃圾转化成有机干肥料，相比传统好氧菌种堆肥，能够更快速有效地降解各种有机物料，将湿垃圾深度资源化，减少降解所需时间，并有效去除了湿垃圾中所存在的油、盐等，保留了原材料中的有机质及其微量元素，实现资源循环利用。肥料中有机质含量大于 82%，在生化反应舱有机肥出料前，设备会进行高温 100℃以上的灭菌以及烘干操作，含水率可达到 5%，可直接打包存放或用于田间生产。生物有机肥呈粉末颗粒状，其中含有丰富的有机质，能够改善土壤生物活性，增加土壤通透性，助推肥料减量增效。

本产品在水稻、上海青、砀山酥梨等多种作物上已大面积投产应用。

产品特点：

①湿垃圾转化生物有机肥养分种类多，且含量高。

②生物有机肥用量是普通肥料的 1/2，作用效果是普通肥料的 3 ～ 4 倍。改善土壤的物化性质，土壤中腐殖质增高，土壤肥力增强。

③有机肥中的有益有机微生物与土壤中的微生物形成共生体，有效抑制有害细菌的生长，增强作物自身对疾病的抵抗力，降低重茬作物的病害指数。

餐厨垃圾转化有机肥展示

生活垃圾转化有机肥展示

联系人	刘国雷	联系电话	15000860096
传　　真	021-57589329	电子邮箱	454414951@qq.com
通信地址	上海市普陀区祁连山南路2891弄105号6755室	网　　址	www.airfreenchina.com

江苏天象生物科技有限公司

一、单位概况

江苏天象生物科技有限公司成立于 2010 年 3 月，注册资金 5 000 万元，是国家级高新技术企业、江苏省民营科技型企业、江苏省科技型中小企业、江苏农业产业化龙头企业。主要从事土壤调理剂、微生物菌剂、生物有机肥、水溶肥等产品的研发、生产、销售和服务。

公司有完备的生产条件和管理体系，已通过 ISO 9001 质量管理体系认证、ISO 14001 环境管理体系认证、1SO 45001 职业健康安全管理体系认证、知识产权管理体系认证和售后服务体系认证。

公司注重科技创新，拥有省级企业技术中心研发平台，始终坚持产、学、研结合，与中国科学院南京土壤研究所、中国农业科学院农业资源与农业区划研究所、中国农业大学、南京农业大学、山东农业大学、江苏师范大学等科研院校强强联合，在土壤调理剂、微生物菌剂、生物有机肥、水溶肥等产品的研发等方面开展全面合作。

公司坚持“追求卓越，保护环境，服务农业”的发展理念，以一流的产品、一流的质量、一流的服务，回报社会。

二、纳入典范产品特征介绍

典范产品1：生物有机肥（颗粒）

技术指标：有效活菌数≥ 5 亿个 / 克；有机质≥ 50%。

本产品可促进根系生长，修复受损根系；增强作物抵抗力，使其抗冻、抗旱、少得病；促进生长，促进膨果，增加产量；提高作物品质，促进转色，增加含糖量；促进花芽分化，保花保果；降解药害肥害，结合转化有害物质；修复因恶劣天气影响而导致受损的作物；调理土壤健康，激活土壤中被固定的养分。

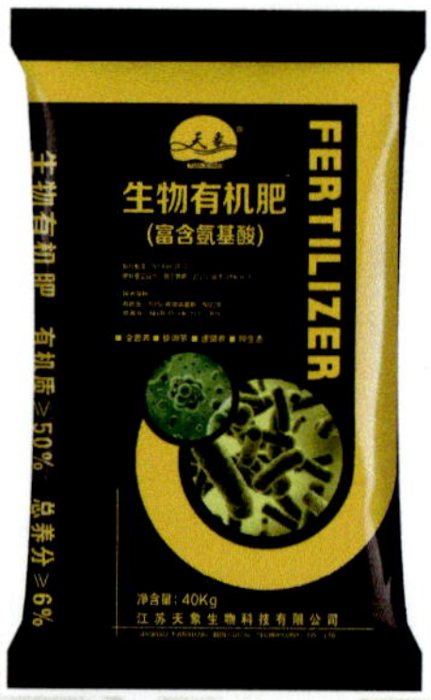

典范产品2：大量元素水溶肥（微量元素型）

技术指标：$N+P_2O_5+K_2O \geq 50.0\%$；$N-P_2O_5-K_2O$=20-10-20；Fe+Mn+Zn+B 含量 0.2% ~ 3.0%。

本产品能提供作物全生长期所必需的多种营养元素；能迅速溶于水，易被作物吸收，且利用率高，肥效快；无杂质、无污染，作物使用安全、高效；省肥、省工、节水、抗病、高产。

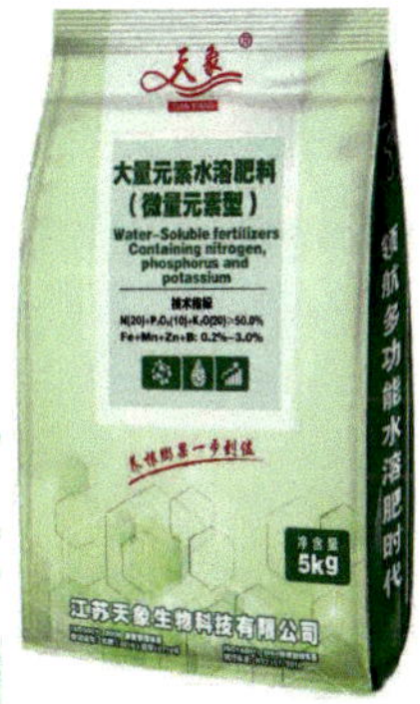

典范产品3：土壤调理剂（降镉）

技术指标：$K_2O \geqslant 2.0\%$；$CaO \geqslant 20.0\%$；$MgO \geqslant 5.0\%$；$SiO_2 \geqslant 10.0\%$；有机质≥ 5.0%；pH 值 11.0 ～ 13.0。

本产品是选用优质矿物质原料，经过高温煅烧后精细磨粉，加入有机物料、高效因子等精制而成，应用后可以调节土壤酸度、改善土壤结构、钝化重金属、修复污染土壤，提高作物的产量，改善农产品品质。

联系人	朱本飞	联系电话	18952102788
传　　真	0516-81209595	电子邮箱	zhubenfei@163.com
通信地址	江苏省徐州市沛县经济开发区 汉兴路西侧、天津路南侧	网　　址	www.txswkj.cn

浙江宜葆现代农业科技有限公司

一、单位概况

浙江宜葆现代农业科技有限公司是一家现代农业技术服务 + 互联网解决方案公司，为全国的农业种植大县 / 区和规模化种植企业提供专业技术服务和系统解决方案。包括“为政府部门量身定制农资投入品信息管理平台”“为农业部门服务种植户量身定制的微植保专业服务平台”“为地方政府创建全国有机示范县全程专业服务”三大服务。公司通过信息化平台技术、生物综合防控技术、秸秆还田循环再利用堆制高效有机肥等创新手段，可有效减少种植过程中化学农药和化肥的使用，推动“两减一增”，提高食品安全，减少面源污染，提升农产品品质。目前，公司生物防控技术和生物投入品已经在国内有机市场占据 20% 的市场份额，自主开发的微植保农场在线植保平台已有上千家农场入驻，是国内最大的在线植保平台。公司拥有专利的微秸宝农作物秸秆资源化利用智能堆肥系统将在未来两年成为国内秸秆发酵生产有机肥的主流技术。

二、纳入典范产品特征介绍

典范产品1：安诺增海藻有机水溶肥料

本产品为海藻类生物刺激素，是西班牙萃科公司从爱尔兰西海岸泡叶藻中提取的天然海藻液，采用温和的物理提取法，最大限度地保留了海藻中的生物活性。另外，本产品添加了镁、硼等微量元素，促进作物健康生长。

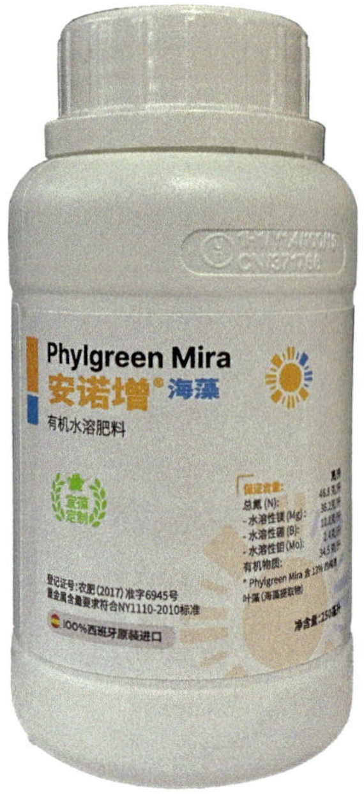

产品特点：

①纯进口专利产品，获得欧洲有机认证，安全性强，吸收利用率高。

②富含海藻精华物质，如海藻多糖、甘露醇等，增强作物在逆境中的抵抗力。

③改良土壤，提高土壤微生物的数量和活性，促进根系发育，具有生根养根壮根的效果。

④改善叶片质量，促进叶绿素的合成，提高植株的光合作用，提升产量和品质。

⑤促进花芽分化，提高授粉受精的质量，提高坐果率，减少落花落果的发生。

⑥促进果实膨大着色，提高含糖量，提早上市。

适用范围：水果、蔬菜等各种经济作物。在生长周期长的作物上施用效果最佳。

典范产品2：安诺增含氨基酸水溶肥料

本产品为蛋白质源氨基酸产品，以稳定的优质动物蛋白质为原料，利用严格筛选的准确定向蛋白酶水解而成。该产品富含植物所需的全部20种氨基酸，游离氨基酸和小分子多肽生命因子占比高，对植物生长发育具有快速营养、有效调节和温和刺激作用，安全、有机、高效，是有机农业种植的首选佳品。

产品特点：

①提高叶片的叶绿素含量和光合活性，促进酶反应，参与许多生理过程。

②作为植物生化功能的天然激活剂，能够在更大的能源需求下维持作物的生理活性，如在果树的发芽、开花、授粉、坐果、膨大、成熟期激活植株生理活性。

③增强植物对生根、生长、结果的刺激效应，增加产量，包括生物产量和质量产量（早熟、均匀性、颜色、味道、硬度、大小等）。

④增强作物抗逆性，当作物受到任何形式的胁迫，可增加游离氨基酸以抵抗不利环境影响及自我修复。

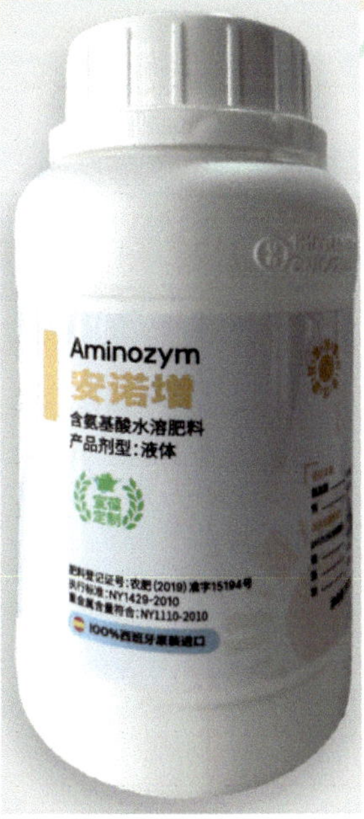

联系人	刘辉	联系电话	13572195664
传　　真	021-31583608	电子邮箱	hui.liu@ecoprobio.cn
通信地址	浙江省嘉兴市嘉善县罗星街道白水塘西路1918号1幢401室	网　　址	www.ecoprobio.cn

安徽省司尔特肥业股份有限公司

一、单位概况

安徽省司尔特肥业股份有限公司总部位于国家级宁国经济技术开发区，是专业从事各类磷复肥及各类新型肥料研发、生产与销售的现代化高科技上市公司，拥有安徽宁国、宣州、亳州及贵州开阳四大肥料生产基地，以及宣州马尾山硫铁矿山、贵州开阳磷矿山。

公司主要产品有各类复合肥、磷铵、水溶肥、生物有机肥、微生物菌剂、硫酸钾、土壤调理剂、硫酸、磷酸、盐酸、铁粉等，综合实力跻身中国化肥行业百强、中国磷复肥行业十强、安徽企业百强行列，是农业农村部测土配方施肥定点生产企业。

公司长期与中国农业大学、南京农业大学、安徽省农业科学院、江西省农业科学院等保持密切合作，建立了“中国农业大学——司尔特测土配方施肥研究基地”，承担组建了安徽省肥料及土壤调理剂标准委员会、设立了博士后科研工作站、成立了“115”产业创新团队。先后获第三届安徽省政府质量奖、全国守合同重信用企业、国家认定企业技术中心、国家高新技术企业、中华农业科技奖、工信部2020年大数据产业发展试点示范项目、安徽省优秀民营企业、安徽百强高新技术企业、安徽省创新型企业、安徽省产学研联合示范企业等荣誉。

二、纳入典范产品特征介绍

典范产品1：生物有机肥

公司深入推进产学研协同创新，与南京农业大学沈其荣院士研究团队合作，充分利用农作物秸秆及畜禽粪污，以及本地山核桃蒲壳、竹笋壳等农林废弃物，研究开发出全元生物有机肥制造技术，并成功实现科技成果转化，现已形成年产有机肥8万吨生产能力。实现了农业废弃物肥料化利用，对减少农业面源污染，有效提升土壤肥力及农产品品质，增加农民收入，促进农村区域经济协调发展，具有显著的生态、社会和经济效益。

本产品以农作物秸秆与畜禽粪便为主要原料，经高温深度腐熟发酵，选用安全有效微生物菌种，富含活性生物有机质、氨基酸及多种营养元素，具有以下功能：改善土壤根际环境，舒展作物根系，促进壮苗；疏松土壤，改良土壤结构和质地，提高土壤自然净化能力；抗病防虫、缓解重茬危害；保水保肥，综合利用各有效成分等。本产品对土壤及农作物无任何副作用，增产提质效果显著。

典范产品2：大量元素水溶肥

本产品可应用于喷灌、滴灌等设施农业，实现以水带肥、水肥一体化，达到省水、省肥、省工的目的。可节约农业用水，提高肥料利用率，减少生态环境污染，提高作物产量，改善作物品质，促进农业持续、高效运作。

本产品采用优质全水溶原材料，水溶性好，易吸收，见效快，肥料利用率高；不仅含有作物生长所必需的大量元素，还特别添加了螯合态微量元素铁、锌、铜及微量元素硼，营养全面，可有效抑制缺素症的发生；有冲施、喷施、滴灌等多种施用方式，适用于水肥一体化设施，施用方便，无残渣，省工省时，节肥节水；根据不同作物养分需求及土壤情况，科学设计配方和施肥量，如通用型、高钾型，品种丰富，可满足不同地区、不同作物需求，达到精准施肥的目的。

典范产品3：专用测土配方肥

公司与中国农业大学张福锁院士团队共建中国农业大学——司尔特测土配方施肥研究基地，并先后在安徽、湖南、江西、河南、福建、浙江、重庆等地建立协作网，联合当地土肥部门、科研院所开展示范试验，在粮食作物、油类作物、瓜果类、蔬菜类、茶等27种作物上建立了200余个示范点，开展产品研发与示范推广。现已形成了覆盖小麦、玉米、水稻等大田作物，瓜果蔬菜、茶、棉花等经济油料作物的配方肥系列产品，配方全面。

在原材料上，采用优质原材料，从源头把控产品质量。采用磷矿石萃取磷浆，与合成氨、钾肥等原料经氨化工艺合成，DCS控制生产，水溶性磷含量高，养分充足、质量稳定。高塔工艺，采用低温共熔技术，有效减少缩二脲的产生。产品还添加了锌、硼等作物必需营养元素，更有利于作物生长。

联系人	刘俊	联系电话	0563-4181583
传　　真	0563-4181505	电子邮箱	ljchuying@sina.com
通信地址	安徽省宁国经济技术开发区汪溪园区	网　　址	www.sierte.com

山东土木启生物科技有限公司

一、单位概况

山东土木启生物科技有限公司是一家集生产、销售、研发、农技服务为一体的国家高新技术企业、山东省农业重点龙头企业，目前产品以微生物菌剂、中量元素水溶肥、氨基酸水溶肥为主。公司具有山东、辽宁、广西三大研发生产基地，拥有研发基地 4 000 平方米，配备有各类研发设备 200 余台（套），并建立了完善的研发和质量控制流程。公司有 6 条精细化生产线，主要生产枯草芽孢杆菌、地衣芽孢杆菌、巨大芽孢杆菌、短小芽孢杆菌、侧孢芽孢杆菌、胶冻样芽孢杆菌、放线菌、植物乳杆菌和光合菌等主要菌种，年产液体芽孢杆菌 10 万吨、固体芽孢杆菌 5 万吨、其他功能性肥料 5 万吨。

二、纳入典范产品特征介绍

典范产品1：启劲微生物菌剂

本产品是一款枯草芽孢杆菌 + 巨大芽孢杆菌 ≥ 10 亿个 / 克的固体农用微生物菌剂，有乳酸菌、酵母菌、枯草芽孢杆菌、巨大芽孢杆菌 4 菌种，在五级高密度连续发酵技术下生产以富集微生物次级代谢产物，搭配全水溶载体通过低温沸腾制粉方式进行固化。本产品富含乳酸菌素、酵母小肽、多种有机酸等生物源植物刺激素，具有刺激作物根系快速生长、毛细根增量的效果，同时能够延长坐果期，预防作物早衰。本产品富含的水溶性有机质载体能够起到肥沃土壤、滋养根系的作用，对于经济作物效果突出。

典范产品2：沼泽红假单胞菌

本产品是一款沼泽红假单胞菌 ≥ 5 亿个 / 毫升的液体农用微生物菌剂。沼泽红假单胞菌属于光合细菌一种，是地球上出现最早、自然界中普遍存在的原核生物。本产品所含有的光合细菌能转化有毒物质，通过生物转化可合成无毒、无副作用且富含各类营养物质的菌体蛋白，占菌体总量的比例高达 65%，而且氨基酸组成齐全，各种氨基酸的比例合理，维生素种类丰富，能够有效补充作物所需，提高作物抗病性；能够有效地改良土壤盐碱，降低土壤 EC 值，提高土壤对于各种盐离子的缓冲能力，改善土壤环境，在苗期能够起到很好的保苗效果。

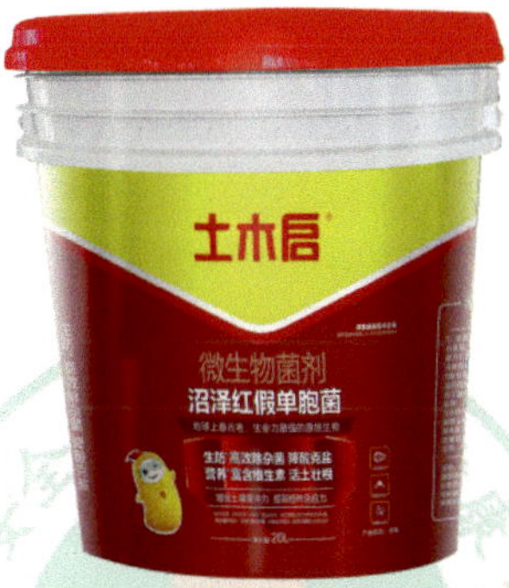

典范产品3：活菌聚谷氨酸

本产品是一款枯草芽孢杆菌＋地衣芽孢杆菌≥ 50 亿个 / 毫升的液体农用微生物菌剂。本产品所含的微生物在土壤中能够快速定殖，在作物根系周围形成有效的根际微生物群，有效的抑制尖孢镰刀菌等的病原菌侵害，提高作物抗病性。本产品还搭配公司自产的高分子量医药级别聚谷氨酸，分子量达 1 000k 道尔顿，能够实现土壤的酸碱双调节，起到保水保肥、促进土壤形成团粒结构、破除土壤板结、改善土壤物理性状的作用。

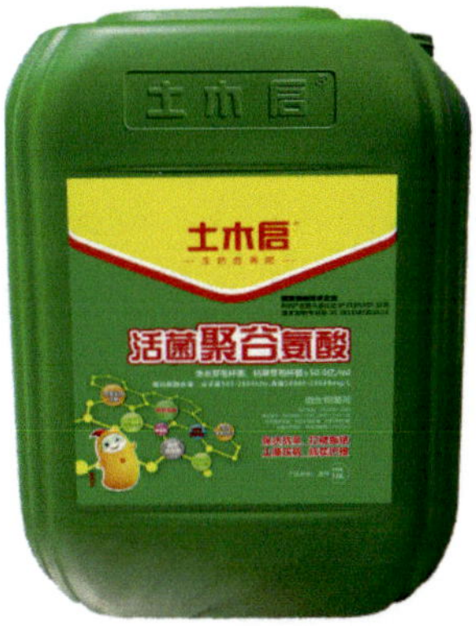

联系人	张俊庆	联系电话	15275379682
传　　真	0531-55708689	电子邮箱	1677503048@qq.com
通信地址	山东省济宁市汶上县康驿镇土木启生物	网　　址	www.tumuqi.com

潍坊市信得生物科技有限公司

一、单位概况

潍坊市信得生物科技有限公司成立于2000年，位于潍坊市高新区，注册资金1 500万元，主要从事绿色植物营养与保护产品、饲料添加剂、动植物萃取技术、叶面肥、冲施肥、有机肥料、水溶肥及生物肥料的研究、开发和生产。2010年山东省工商行政管理局认定“海生素”为山东省著名商标。

公司2010年被中共潍坊市委高新区工委、潍坊高新区管委会评为年度科技进步先进企业，2011年被评为潍坊市农业产业化重点龙头企业，2015—2017年连续被评为潍坊市守合同重信用企业。2017年建立潍坊市重点实验室——微生物肥料重点实验室。

公司未来将向着生物肥料、生物农药产业领头企业的战略目标前进。依托现有平台，进一步深化平台建设，完成省级微生物技术重点实验室等一系列省、市级科技创新平台建设及深化目标，通过科技进步，带动潍坊市乃至山东省生物肥料、生物农药产业的升级。

二、纳入典范产品特征介绍

典范产品1：生物有机肥

技术指标：有机质≥60%；有效活菌数≥2亿个/克。

本产品采用环保生态原料经过7天的高温发酵制成，其中添加的生物活性物质可以有效改良土壤性质，促进土壤微生物的繁殖，增加土壤通透性、透气性、保温性、保水性，分解被土壤固定的氮磷钾，促进植物吸收，提高肥料的利用率，解决过量使用无机肥造成的酸碱失调产生的土壤板结问题。连年使用本产品，可以逐渐提高土壤肥力，使土壤越来越肥沃，起到用地和养地相结合的作用。可基施、沟施。

产品特点：

①增加土壤有机质，增加土壤透气性。

②天然无害、增产提质。原料安全无污染、无残留。

③防病抗逆、预防重茬。

④特别添加独有的复合生防菌种，有效预防作物根部真菌和细菌病害。

典范产品2：复合微生物肥

技术指标：有机质≥20%；有效活菌数≥0.2亿个/克；总养分氮磷钾≥8%。

产品特点：

本产品营养全面，特别添加独有的复合生防菌种，可以有效预防作物根部真细菌病害，不仅能给作物生长提供所需的氮磷钾和中微量元素，还能为作物提供有机质和有益微生物活性菌。这些微生物在有机质、无机营养元素、水分、温度的协助下大量繁殖，减少了有害微生物群体的生存空间，从而增加了土壤有益微生物菌的数量。微生物菌产生大量的有机酸可以把多年沉积在土壤中的磷钾元素部分溶解释放出来供作物再次吸收利用，长期使用后土壤将会变得越来越疏松和肥沃，显著改善土壤板结问题。连续使用可以改善作物品质，促进作物根系生长，增强作物抗逆能力，降低硝酸盐含量，提高粮食作物蛋白和氨基酸含量；对于瓜果蔬菜类经济作物可提高含糖量及维生素含量，使其口感好并延长储存时间。本产品绿色环保无残留，可以使农产品各项指标达到绿色食品的标准。可基施、沟施。

典范产品3：微生物菌剂

技术指标：有机质≥ 60%；解淀粉芽孢杆菌有效活菌数≥ 10 亿个 / 克；总养分氮磷钾≥ 5%。

产品特点：

本品添加的高含量解淀粉芽孢杆菌可以加速植物秸秆杂草等有机质的分解，产生多种生理活性物质和氨基酸类物质，促进植物根系及植株生长，增强植物抗病性，从而间接减少病害发生；活化土壤、提高肥料利用率。有益微生物进入土壤后，在生长繁殖过程中产生大量的次生代谢产物，促使有机物的分解转化，能直接或间接为作物提供多种营养和刺激性物质，促进和调控作物生长。另外，本产品还可以疏松土壤，在作物根系形成优势有益菌群，产生低分子量蛋白或多肽等活性物质，能抑制有害病原菌繁衍，并且可作为根围细菌促进植物生长，增强作物抗逆抗病能力。可基施、沟施。

联系人	李杨	联系电话	18678089955
传　　真	0536-6308568	电子邮箱	2474062701@qq.com
通信地址	山东省潍坊市诸城市相州镇郭家屯村	网　　址	xinde.3456.tv

鹤壁佳禾生物科技有限公司

一、单位概况

鹤壁佳禾生物科技有限公司是一家集水溶肥料、配方肥料、有机肥料、微生物肥料研发、生产、销售、服务为一体的新型肥料技术企业。

公司位于河南省鹤壁市，地理位置优越，交通便利，京广线、石武高铁、107国道穿境而过。公司占地总面积约2万平方米，经济实力雄厚，生产技术成熟，拥有一批专业工程师和技术人员，生产设备齐全，制造工艺严谨，检测手段完善，产品配方先进，配备有国际先进的全自动生产线和全套检测仪器，整个生产流程均为电脑控制。

公司秉承产品质量第一、用户信誉第一的宗旨，竭诚为广大客户提供优质产品和服务。

二、纳入典范产品特征介绍

典范产品1：“多稼”牌有机物料腐熟剂

本产品是由公司专家经过多年研究试验配制而成的复合微生物菌剂，内含多种微生物菌剂和多种酶类。本产品产品采用固液发酵技术，菌种活力强，在降解秸秆的过程中生长快、穿透力强，加快稻草等农作物秸秆的腐熟速度，一般15 ~ 25天就能使秸秆软化腐熟。降解秸秆等有机残体，升温快，温度高，一般3天可达50 ~ 60℃，最高堆肥温度可达70℃。

秸秆腐熟剂主要适用于秸秆直接还田和堆腐后还田。适用于小麦秸秆、玉米秸秆、水稻秸秆等农作物秸秆及畜禽粪便、农家肥等。

注意产品存放于阴凉干燥处，禁止强光暴晒；避免与强酸、强碱、易挥发性化学品及杀菌剂混放、混用；若配底肥施用，要现配现用；在使用过程中要注意调节水分；根据不同物料、环境温度、水分含量等条件，可酌情调整用量。

典范产品2：复合微生物肥料

本产品是采用高新技术将有益微生物、有机物质及无机营养元素复合而成的一种新型肥料。以复合微生物菌群为核心添加菌剂，以畜禽粪便、食用菌渣等天然农业废弃物有机物料为主要原料，辅以豆粕、甲壳素、腐植酸、大中微量元素，经发酵菌剂40天以上深层次发酵，再复合精制而成。

本产品克服了化学肥料养分单一、有机肥肥效弱的缺点，能给作物生长提供全面的营养，且科学协调供给，使作物生长健壮。增强作物抗逆性，改善品质，提高产量，一般粮食作物可增产10%以上，经济作物可增产25%以上。本产品长期使用可化解土壤板结现象，修复和调理土壤，提高化学肥料利用率，减少江河污染，抑制根腐、枯萎、软腐等土传性病害，防治线虫、蛴螬等有害生物，增强农作物的抗逆能力，为作物生长提供一个适宜的环境。

典范产品3：生物有机肥

本产品可为植物增加营养成分、提高土壤有益微生物活性，可以深层疏松土壤、破除板结，有效调剂土壤酸碱平衡，促进作物营养循环吸收，解磷、解钾、固氮。长期使用本产品，土壤将会变得越来越疏松、肥沃。本产品可提高作物抗旱、抗涝、抗寒、抗倒伏能力，提高植物活性，提升植物新陈代谢水平，促进植物细胞分裂，更全面、更合理地促进农作物大幅度增产和品质的提高。

采用穴施或沟施，若撒施应及时翻犁覆土或灌水。重茬、病害严重地块可加量使用，具体用量可根据当地土壤状况及施肥习惯适当调整。

注意施时土壤缺水会影响肥效，干旱时应及时浇水。本产品不能与杀菌剂及生理酸性、生理碱性肥料同时使用。

联系人	闫玉芹	联系电话	15803921193
传　　真	0392-2180969	电子邮箱	2984836762@qq.com
通信地址	河南省鹤壁市山城区石林镇东马村村东	网　　址	www.hbjhsw.net

鹤壁市禾盛生物科技有限公司

一、单位概况

鹤壁市禾盛生物科技有限公司是一家集微生物肥料技术研发、有机肥设备制造、有机肥生产、土壤净化与绿色有机种植技术推广、野生梅花鹿养殖为一体的新型科技企业。公司紧紧围绕企业技术创新主题，以发展无公害农产品种植与生态养殖为切入点，把发展无公害农产品与生态循环农业建设相结合，利用工程技术中心研究出的新产品和种植新技术在土壤净化修复调理、土壤土传病害防控、种植新技术推广和农作物病虫害防治方面进行研究和技术推广。公司研制开发的 HB 微生物菌剂系列产品已应用于面源污染治理、秸秆综合利用、土壤生态修复、烟草种植、蔬菜种植、养殖业、环保等多个行业。

公司宗旨是立足农业、保护环境。目前公司主要致力于微生物技术、有机肥生产设备的开发和应用，业务主要涉及农用微生物菌剂、生物有机肥料、液体生物肥料、有机肥生产设备等领域。公司业务在全国多个省份建立了完善的营销网络，相关产品已遍布国内各省和地区，为当地农业生产的有机化、生态化作出了持续贡献。

二、纳入典范产品特征介绍

典范产品1：有机物料腐熟剂

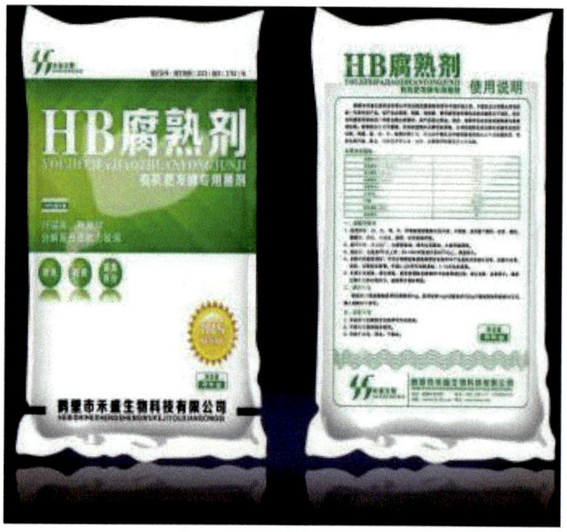

本产品是公司研制的新一代高科技产品，是由真菌、细菌、放线菌、酵母菌等多种菌株及相关酶类互不拮抗、相互协同复配而制成的一种复合微生物菌剂。本产品所含微生物能够快速生长与繁殖，同时制造酶并分解有机废物，从而在堆肥生成过程中加速有机质的分解，将碳、氮、磷、钾、硫等分解矿化，将大分子蛋白转化为作物容易利用的小分子蛋白，同时达到升温、除臭，以及消除病原微生物、虫卵、杂草种子和富集养分的效果。

本产品适用于畜禽粪便、农作物秸秆。

每发酵 10 吨发酵物使用本产品 1 千克。使用时将 1 千克 HB 腐熟剂与 5 千克干燥细碎物料搅拌均匀后，掺入发酵物中即可。

秸秆还田时，秸秆粉碎均匀分散于田间，将本产品均匀撒施在秸秆表面，然后将秸秆翻入地下 20 厘米左右。堆腐还田时，将秸秆粉碎或切断，长度小于 3 ~ 5 厘米为宜，进行泼水叠堆，每层 15 ~ 20 厘米，约 10 层为 1 堆，逐层撒施该产品，秸秆含水量掌握在 60% 左右。每吨秸秆使用本产品 2 千克。

典范产品2：微生物菌剂

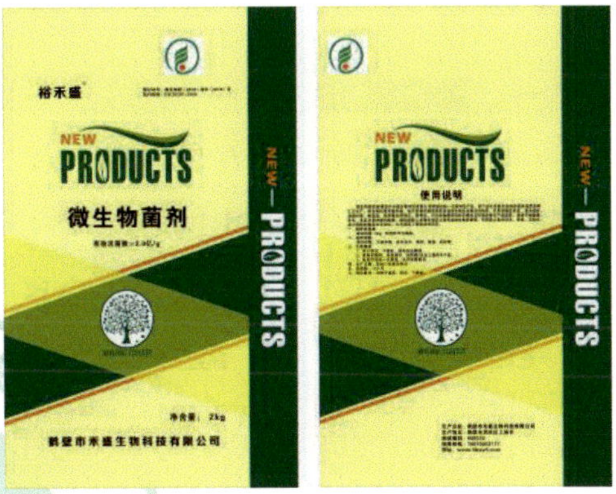

微生物菌剂是公司研制的新一代高科技产品，本产品采用国内独特的液体深层发酵工艺生产，内含枯草芽孢杆菌、地衣芽孢杆菌等高效活性微生物及生物活性物质，并具有稳定性高、复合型好、功能性强、耐高温、保存期长的特点。使用后，可为作物提供良好的微生态环境，改善农产品品质、促进作物健康生长。本产品与各种肥料配施，能促进配入的微生物及土壤有益微生物的繁殖，有效防止氮的流失、挥发及硝化，减少磷钾的固定和无效化，大大提高肥料的利用率。

作底肥，每亩用量 2 千克，耕地时均匀撒施。作追肥，每亩用量 2 千克与化肥一起追施。作滴灌与冲施，每亩用本品一袋加 200 千克水浸泡，取清液配合常规肥料浇灌，残渣作基肥用，可改良土壤。喷施，每亩取本产品 1 袋加水 50 千克，搅拌均匀，3 小时后用两层纱布过滤。取滤液在阴天或日落前喷洒于叶背面。作种肥，每亩种子需用量配合本产品 1 千克，按常规育苗或播种方法使用。

典范产品3：生物有机肥

本品主要作底肥施用，可以采用撒施、条施、穴施或沟施及拌种施肥，也可与化学肥料配合成复混肥料作追肥施用。施后覆土浇水，避免阳光直射。

肥料保质期 1 年。肥料存放在阴凉处，严禁阳光下直晒。肥料包装袋打开后不宜放置太久，应尽早施用。不能与杀虫剂、杀菌剂、除草剂等农药混合。不能与碳铵、草木灰、含硫元素肥料（如硫酸钾、硫酸铵等）混合施用，以免影响肥效。在做基肥或追肥时，应及时覆土，以免影响肥效。

联系人	程玉海	联系电话	15670052777
传　　真	0392-3361177	电子邮箱	15670052777@163.com
通信地址	河南省鹤壁市淇滨区华夏南路鹤壁日报社B座五楼	网　　址	www.hbswf.com

中农科达（湖北）农业发展有限公司

一、单位概况

中农科达（湖北）农业发展有限公司位于湖北省公安县章庄铺镇铜桥村，厂区面积 40 585 平方米，生产车间 1.5 万平方米，办公、生活用房 2 300 余平方米，示范种植农田 500 亩，总投资 3 200 万元。注册商标“接丰”，有固体粉状肥料、固体颗粒肥料、水剂肥料 3 条成品生产线。具有年专业生产有机肥、复合微生物菌肥、生物有机肥、有机—无机复混肥 10 万吨的能力。公司已通过 ISO 9001 质量管理体系认证和有机农业投入品评估认证，获评湖北省新型肥料明星企业和中国生物有机肥料名优产品奖，是中国生物有机肥料产学研联盟理事单位，湖北省大型生物肥料厂之一。

二、纳入典范产品特征介绍

公司依托中国农业科学院的生物技术，与中国农业科学院植物保护研究所、西北农林大学、中国农业科学院柑桔研究所合作。产品采用饼粕、谷糠、畜禽粪便等纯天然有机物料做基础原料，经过复合微生物菌多次发酵，配伍优质氮、磷、钾材料和植物蛋白素、聚谷氨酸等元素精制而成。生物有机肥含有益活性菌数每克 2 亿个以上，有机无机复混肥料含有机元素、无机元素、生物菌元素“三合一”成分，各类产品各项技术指标符合国家标准。

典范产品1：“接丰”有机肥

本产品是以家禽粪便为主要原料，掺和谷糠、农作物秸秆粉，添加优良菌种经深槽高温发酵、除臭、灭菌杀虫、干燥、粉碎筛分、包装而成。本产品有机质≥ 35%，总养分≥ 4%。本产品功效能使土壤疏松，具有保水保墒、省肥水、提高肥料利用率、改良土壤等功能；抗重茬，可有效防治根腐病、枯萎病、茎基腐等土传病害，强壮根系，预防死株烂苗，提高抗性。

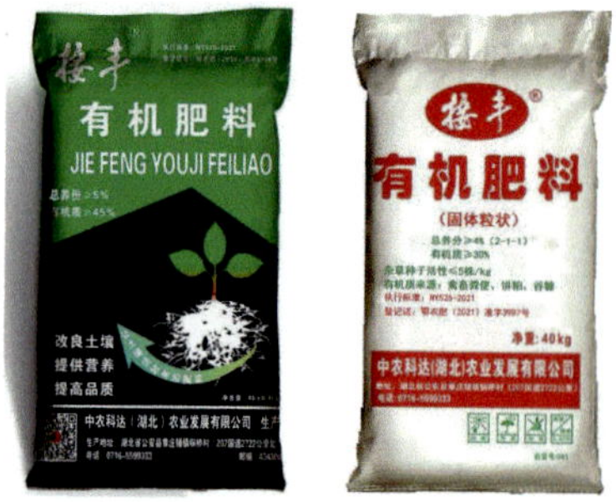

典范产品2：“接丰”生物有机肥

本产品是以家禽粪便为主要原料，掺和谷糠、农作物秸秆粉，添加优良菌种经深槽高温发酵、除臭、灭菌杀虫、干燥、粉碎筛分、包装而成。本产品富含有效活性菌 2 亿个 / 克，有机质≥ 40%。

产品特点：

①活化土壤，提高地力，有效疏松土壤，改善土壤团粒结构，增强土壤保墒、保肥、透气和供肥能力，延长肥料功能期。

②减少养分流失，提高吸收效率，提高化肥利用率，减少化肥用量，固氮、解磷、解钾供作物吸收。

③解毒抑菌，提高抗病性。降解土壤中农药化肥残毒，减少重茬病，对作物的土传病，茎枯病均有抑制作用。

④提高产量，提升产品品质，增强叶片光合作用和结实率。

典范产品3：“接丰”有机无机复混肥料

本产品是以本公司有机肥料为原料，掺和氮、磷、钾和中微量元素，经搅拌混合、造粒、干燥、冷却、筛分而成。

产品特点：

①活化土壤，提高地力，有效疏松土壤，改善土壤团粒结构，表土增温，增强土壤、保水、保肥、传热、透气和供肥能力，延长肥料功能期。

②减少流失，提高吸收。配合化学肥料施用，大大减少化肥流失，提高化肥利用率 20% 以上，减少化肥常规用量 30% 左右，固氮、解磷、解钾，供作物根系吸收。

③解毒抑菌，提高抗病性。降解土壤中农药化肥残毒，减少重茬病，对作物的土传病害如枯黄萎病、茎枯病、根腐病及水果的流胶、溃疡等均有抑制作用，减轻发病程度。

④促使作物早熟高产，提高品质。使作物抗旱、抗寒、抗早衰，早熟高产，粮油作物可增产 10% ~ 15%，经济作物可增产 15% ~ 20%，水果烟茶可增值 20% ~ 25%，瓜椒豆菜可增值 25% ~ 30%，产品品质也得到提升。

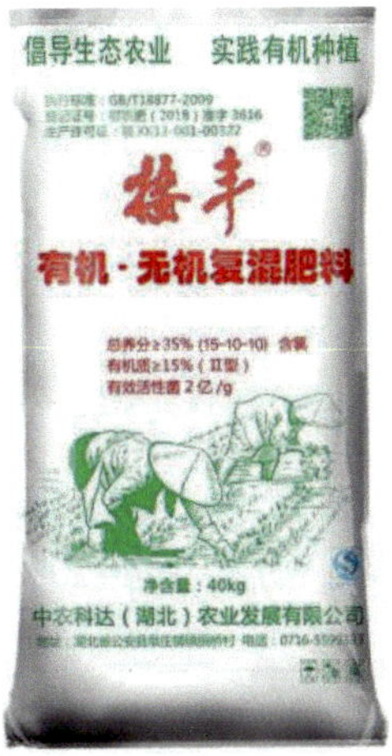

联系人	邹新	联系电话	18071492629
传　　真	/	电子邮箱	66838723@qq.com
通信地址	湖北省荆州市公安县章庄铺镇铜桥村中农科达	网　　址	/

湖北双港农业科技贸易股份有限公司

一、单位概况

湖北双港农业科技贸易股份有限公司是集禽类养殖、食品、蛋品、饲料加工、有机肥生产等循环经济于一体的自营出口企业，注册资本 6 000 万元。

公司现已通过 HACCP 体系认证、ISO 9001：2015 质量管理体系认证，是农业产业化国家重点龙头企业、湖北省支柱产业细分领域隐形冠军培育企业、全国农产品加工业出口示范企业、全国农业标准化示范项目区、良好农业规范（GAP）试点项目单位、湖北省创新型企业建设试点单位；被评为湖北省家禽行业优秀单位、湖北省蛋品出口协会会长单位、亚洲蛋品协会副会长单位、第七届世界军人运动会指定供应商、粤港澳大湾区“菜篮子”生产基地和产品加工企业、出口产品内外销“同线同标同质”企业、最美绿色食品企业、捐助突出贡献单位、全国质量诚信企业、高新技术企业；多次获得湖北省科技进步奖一、二等奖，并成立湖北双港农业科技贸易股份有限公司院士专家工作站。

二、纳入典范产品特征介绍

典范产品1：楚农生物有机肥

本产品用双港生态园出口备案基地的优质鸡粪为主要原料，引进湖北省农业科学院植保土肥研究所的复合菌种与专利生产技术，通过先进的增氧翻抛工艺，经三次深槽发酵、机械翻抛、灭菌除臭、干燥粉碎而成。该技术获国家科学技术进步奖二等奖、国家重点新产品奖。

本产品有改良土壤理化结构、增强作物抗性、抑制和灭杀土壤中的有害病菌与害虫等功效，适用于各类作物，可作基肥使用，也可以配合其他化学肥料作果蔬、经济作物的追肥使用。

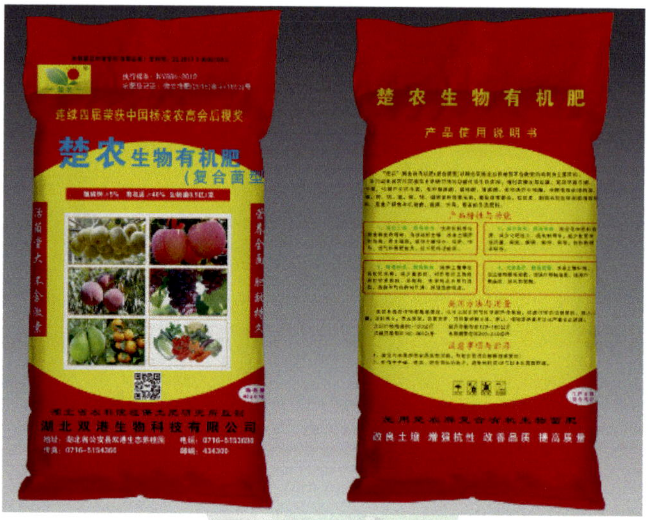

典范产品2：有机无机复混肥

本产品以楚农生物有机肥为基本原料，添加速效氮、磷、钾及多种中微量元素，配合适量的氨基酸肥料，采用湖北省农业科学院植保土肥研究所配方和生产工艺，造粒精制而成。

本产品有改良土壤理化结构、增强作物抗性、抑制和灭杀土壤中有害病菌与害虫等功效，适用于大田、经济作物，可一次性作基肥埋施使用。

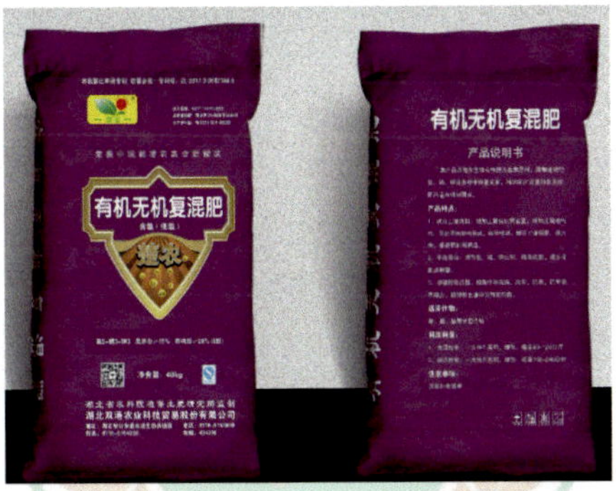

典范产品3：微生物菌剂

本产品以楚农生物有机肥作载体，采用多菌种共生培养制成，包括多种芽孢杆菌、固氮菌、溶磷菌、酵母菌等，对土壤有很强的适应性。

本产品有改善土壤团粒结构、解磷、解钾、固氮功能，促使作物抗寒抗旱，还可通过直接分泌营养物质和生物酶，促进作物生长发育，适用于各类作物，可一次性作基肥，埋施使用。

联系人	鲜锦和	联系电话	18696080029
传　　真	0716-5154366	电子邮箱	3013747581@qq.com
通信地址	湖北省荆州市公安县斗湖堤镇油江路1号	网　　址	www.sgegg.com/product/yjflb82

佛山市植宝生态科技有限公司

一、单位概况

佛山市植宝生态科技有限公司（原佛山市植宝化工有限公司）成立于1985年3月，坐落于中国先进制造业基地、国家历史文化名城——广东佛山市，为一家集研发、生产、销售及农化服务于一体的国家高新技术企业，是中国叶面肥元老级生产企业。公司先后获得第四届全国“乌金杯”优秀企业奖、中国质量信用AAA+级企业、中国肥料产业科技创新企业、国家高新技术企业、广东省重点农业龙头企业、佛山市农业龙头企业、佛山市细分行业龙头企业、佛山市“专精特新”企业等称号，获广东省环境保护科学技术奖一等奖，以及广东省农业技术推广奖一等奖3项、三等奖1项等一系列荣誉，公司通过了ISO 9001：2015质量管理体系认证和有机投入品评估认证，被纳入全国生态环保优质农业投入品（肥料产品）生产试点单位。公司目前拥有年产1万吨有机水溶肥料、1.5万吨微生物系列肥料、2万吨土壤调理剂的生产能力。

二、纳入典范产品特征介绍

典范产品1：植宝生物有机肥

本产品富含有益菌群，施用后有益菌迅速定殖，分解活化难溶矿质元素，改善作物营养，提高土壤有机质含量，改善土壤团粒结构，减轻重茬障碍，提高复种指数。产生多种有益菌，提高土壤的孔隙度，增强土壤的蓄水保水能力，促进根系发育，提高作物的耐涝能力，增强土壤微生物和酶的活性，提高养分利用率，促进化肥吸收，减少化肥施用量。经多种农作物田间示范试验证明，施用本产品后，与常规对照相比，化肥施用量减少20%，仍具有显著的增产和提质功效。应用本产品后，梅州红肉蜜柚与同类产品的参照相比，单果重、可食率提高；可溶性固形物含量、还原糖含量、固酸比、糖酸比提高，总酸含量降低，口感更好；维生素C、钾、磷、钙、铁含量提高，营养更丰富、风味更佳。

本产品获得2018年度广东省农业技术推广奖一等奖。

典范产品2：植宝微生物菌剂

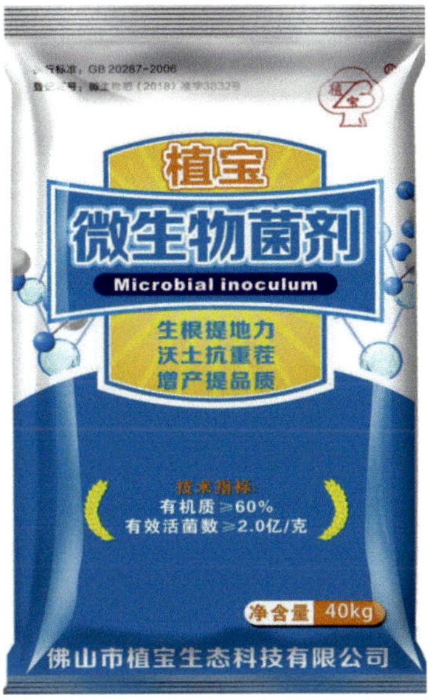

施用本产品能提高土壤有益菌群数量，促进作物根系生长，刺激作物正常生长发育，增加产量；平衡土壤酸碱度，有益微生物调节土壤根系生态环境，形成优势菌落，防止土传病虫害；促进土壤有益微生物的繁殖，增加土壤活力，抑制有害微生物的生长，缓解重茬障碍；促进土壤中有机质分解成腐殖质，提高土壤肥效和肥料利用率，减少化肥投入量。经过试验验证，本产品具有显著的增产和提质功效。应用本产品后，脐橙与同类产品的参照相比，单果重、果实横径、可食率提高；可溶性固形物含量、还原糖含量、固酸比、糖酸比提高，总酸含量降低，口感更好；维生素C、钾、磷、钙、铁含量提高，营养更丰富、风味更佳。

典范产品3：复合微生物肥料

本产品是一种促进土壤有益微生物繁殖、改善土壤团粒结构、增强土壤活力的营养型复合微生物肥料。产品添加了枯草芽孢杆菌和巨大芽孢杆菌等有益活性菌，其生长发育分泌的活性物质能够抑制土壤有害菌的繁殖和生长，减少土传病害的发生，而且能够解磷固钾，培肥土壤，能够降解土壤有机磷农药，降低农作物的农药残留。产品添加的氮、磷、钾养分能够快速被农作物吸收利用，能在微生物菌剂发挥作用和效果之前满足农作物的部分营养需求，经过试验验证，产品具有显著的增产和提质功效。应用本产品后，脐橙与同类产品的参照相比，单果重、果实横径、可食率提高；可溶性固形物含量、还原糖含量、固酸比、糖酸比提高，总酸含量降低，口感更好；维生素C、钾、磷、钙、铁含量提高，营养更丰富、风味更佳。

本品获得2018年度广东省农业技术推广奖一等奖。

联系人	周坚兵	联系电话	13480267616
传　真	0757-82810303	电子邮箱	gdzhibao@126.com
通信地址	广东省佛山市佛罗路33号	网　址	www.zhibao.com.cn

广州市土根旺生物科技有限公司

一、单位概况

广州市土根旺生物科技有限公司成立于2005年7月15日，已有10余年有机肥和微生物肥料的生产、研发经验，公司成立以来，推出了土根旺、金钱归等一系列高端有机肥、生物有机肥。公司生产的系列产品是采用当前国际先进技术、具有完全知识产权的高科技产品。公司致力于高端生物有机肥、功能性有机肥的开发、生产及应用，目前已成为广东省有影响力的高端功能性有机肥、生物有机肥品牌。公司生产基地占地面积80亩、厂房面积15 000平方米，是一个现代化园林式工厂，注册资金500万元，现设计生产能力为2万吨/年，公司在职人员14人，其中负责产品研发人员1人、产品检测人员1人、工艺人员5人、生产人员7人。公司主营产品为微生物菌剂、生物有机肥等“用良心，做好肥”是企业的基本原则，土根旺生物有机肥是公司自主研发，经农业农村部正式登记的生物有机肥。公司还与广东省农业科学院、华南农业大学、华南理工大学微生物学院等高等院校、科研单位在产品研发、产品实验、学术交流等方面建立了密切的技术合作关系，积极推进有机肥行业科技成果产业化。

二、纳入典范产品特征介绍

典范产品1：微生物菌剂

本产品严格按微生物菌剂生产控制过程生产。本产品用在火龙果上，在冬季12月至翌年1月枝蔓已完全转绿时施，树盘用微生物菌剂覆盖，每株施10 ~ 15千克，起到改良土壤、增加有机质、增强植株抗旱抗寒能力的作用。施用本产品的火龙果大小均匀、色泽红艳、个头圆润、皮薄肉厚、果肉紧实细腻、汁水丰盈、味清甜。与同类产品的参照相比，单果重、果实纵径、果实横径、可食率提高，果皮厚度降低，可溶性固形物含量、可溶性糖含量、固酸比、糖酸比提高，总酸含量降低，口感更好；维生素C、钾、磷、钙、铁、锌含量提高，营养更丰富、风味更佳。

典范产品2：生物有机肥

本产品严格按生物有机肥生产控制过程生产。本产品用在荔枝上，在荔枝采果前 7 ~ 10 天，每亩地沟施或穴施 2 ~ 3 吨。施用本产品的荔枝大小均匀、皮薄肉厚、果肉细嫩紧实、汁多味美、果香浓郁。与同类产品的参照相比，单果重、可食率提高：可溶性固形物含量、可溶性糖含量、固酸比、糖酸比提高，总酸含量降低，口感更好；维生素 C、钾、磷、钙、铁、锌含量提高，营养更丰富。

典范产品3：生物有机肥

本产品严格按生物有机肥生产控制过程生产。本产品用在鹰嘴桃上，在每年 9—11 月每亩施用 15 ~ 20 千克，沟施或穴施。施用本产品的鹰嘴桃大小均匀、皮薄、果肉质地致密、肉质爽脆、味甜如蜜、香味浓郁。与同类产品的参照相比，单果重、果实横径提高，果实硬度降低；可溶性固形物含量、可溶性糖含量，固酸比、糖酸比提高，总酸含量降低，口感更好，维生素 C、果胶、钾、磷、钙、铁、锌含量提高，营养更丰富，风味更佳。

联系人	刘友梅	联系电话	13660084719
传　　真	020-87879992	电子邮箱	504326230@qq.com
通信地址	广东省广州市从化区鳌头镇大凼村马岭南闸队31号	网　　址	www.china-tgw.com

广州天适立农生态农业发展有限公司

一、单位概况

广州天适立农生态农业发展有限公司位于美丽的旅游胜地广州从化，是集科研、生产、销售、种植技术服务为一体的国内专业高端微生物肥的生产企业。公司成立于2014年3月，注册资本500万元，目前职工总数16人，生产基地80亩，厂房15 000平方米。

公司选用高蛋白、高营养的豆粕、花生麸及鱼粉等为主要原料，采用最先进的四级发酵技术，引入国内先进的生产设备，生产国内高端高效的微生物肥。公司生产的微生物肥和全水溶的微生物肥现广泛应用于果树、蔬菜、花卉、园林等各种作物。公司主营产品为微生物菌剂、生物有机肥、复合微生物肥料三大微生物品类。秉承坚持有机农业健康的发展方向、开创有机环保事业、让土壤更健康的企业使命，以让种出来的瓜果蔬菜更鲜美、让人民吃上更放心的农产品、让人民更健康、让人类生活环境更生态为企业宗旨，树立“专心立足农业、专业服务农业、诚信经营、感恩社会”的品牌文化，明确“有机肥、复合肥、微生物肥合理使用”的科学施肥理念，为农作物提供全面均衡的营养，为农民提供完善可行的技术支持和农化服务，让农民种植出营养、安全、健康的农产品。

二、纳入典范产品特征介绍

典范产品1：微生物菌剂

本产品严格按微生物菌剂生产控制过程生产。本产品用在火龙果上，在冬季12月至翌年1月枝蔓已完全转绿时施，树盘用本产品覆盖，每株施10 ~ 15千克，起到改良土壤、增加有机质、增强植株抗旱抗寒能力的作用。施用本产品的火龙果大小均匀、色泽红艳、个头圆润、皮薄肉厚、果肉紧实细腻、汁水丰盈、味清甜。与同类产品的参照相比，单果重、果实纵径、果实横径、可食率提高，果皮厚度降低，可溶性固形物含量、可溶性糖含量、固酸比、糖酸比提高，总酸含量降低，口感更好；维生素C、钾、磷、钙、铁、锌含量提高，营养更丰富、风味更佳。

典范产品2：生物有机肥

本产品严格按生物有机肥生产控制过程生产。本产品用在荔枝上，在荔枝采果前7 ~ 10天，每亩地沟施或穴施2 ~ 3吨。施用本产品的荔枝大小均匀、皮薄肉厚、果肉细嫩紧实、汁多味美、果香浓郁。与同类产品的参照相比，单果重、可食率提高；可溶性固形物含量、可溶性糖含量、固酸比、糖酸比提高，总酸含量降低，口感更好；维生素 C、钾、磷、钙、铁、锌含量提高，营养更丰富。

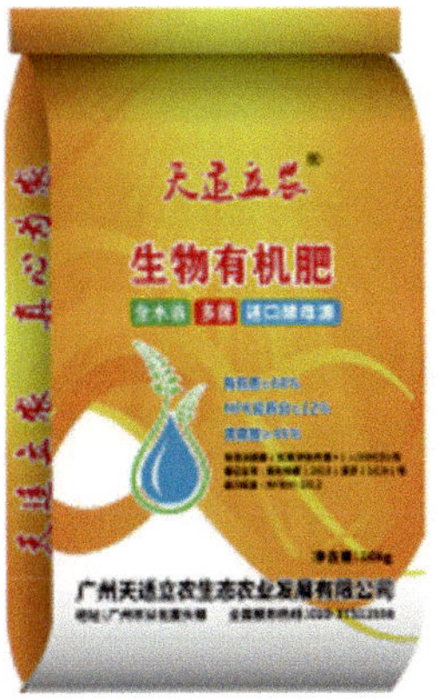

典范产品3：复合微生物肥

本产品严格按复合微生物肥料生产控制过程生产。本产品用在鹰嘴桃上，在每年 9—11 月每亩施用 15 ~ 20 千克，沟施或穴施。施用本产品的鹰嘴桃大小均匀、皮薄、果肉质地致密、肉质爽脆、味甜如蜜、香味浓郁。与同类产品的参照相比，单果重、果实横径提高，果实硬度降低；可溶性固形物含量、可溶性糖含量、固酸比、糖酸比提高，总酸含量降低，口感更好；维生素 C、果胶、钾、磷、钙、铁、锌含量提高，营养更丰富，风味更佳。

联系人	刘友梅	联系电话	13660084719
传　　真	020-37511069	电子邮箱	504326230@qq.com
通信地址	广东省广州市从化区鳌头镇 棋杆岭南村步美队元岗岭157号	网　　址	www.gztsln.com

贵州西洋实业有限公司

一、单位概况

贵州西洋实业有限公司成立于 2014 年，是一家集肥料和硫酸生产与研发、矿业、贸易和植保服务于一体的综合性国家大型民营企业。企业占地面积约 100 万平方米。公司现有员工 1 300 余人，年产能约 150 万吨，销售网络覆盖全国 1 500 多个县，拥有 3 000 多个零售商，是当今中国主要的硫基复合肥生产基地之一、中国复合肥行业领先企业、首批国家高新技术企业、国家安全环保标杆企业，连续多年蝉联贵州民营企业 100 强、中国石油化工企业 500 强等。以复合肥为支撑，有机肥、磷酸、盐酸、硫酸钾、普钙为辅助的多元化生产路线，年产复合肥 85 万吨、磷酸 21 万吨、盐酸 20 万吨、硫酸钾 10 万吨、普钙 20 万吨、有机肥 30 万吨。公司始终秉持着“发展绿色循环经济”的发展理念，以“成为中国绿色、高效、品质农业的践行者”为奋斗目标，将创新研发、俯身为农深植于心，切实优化农业技术服务，以绿色环保的产品引领中国农业发展方向，助农增产增收。

二、纳入典范产品特征介绍

典范产品1：诺威施速溶针状肥

本产品采用九大核心技术：一是零排放环保技术，实现废渣、废气、废液三零排放；二是低碳低损耗技术，综合能耗大幅低于传统工艺，符合社会发展低碳化要求，低温生产环境可确保各类养分和营养物质基本不受损坏；三是微膨化速溶技术，微膨化后，颗粒类似海绵结构，拥有大量微孔隙，遇水后，颗粒内外同时溶解，30 秒动态极速闪溶；四是独特的成粒技术，适合各种施肥方式，颗粒着地的下落性、均匀性和稳定性都显著优于传统粒型；五是各维度增效技术，包括氮磷钾养分形态（包括酸碱性、脲甲醛、聚磷酸铵、亚磷酸钾等）、中微量元素、高活性生物质等；六是超细磨全溶技术，原料被超精细研磨至微米级，能满足各种水溶施肥方式；七是养分超匀融技术，有效提升养分间协同作用与吸收率、利用率等。

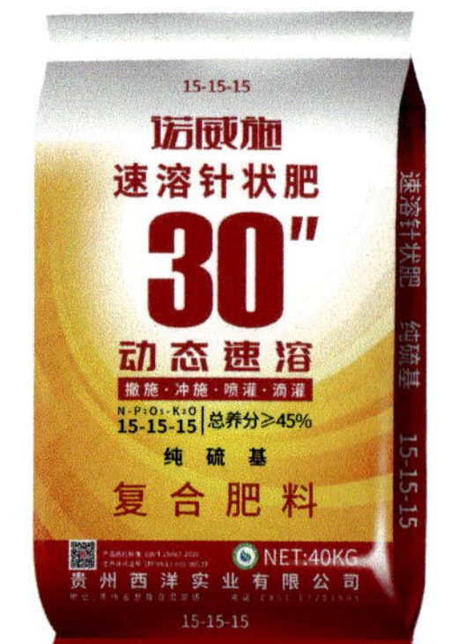

典范产品2：巨力驼稳定性复合肥料

本产品养分分布均匀，配方灵活，工艺低碳环保。结合氮肥长效技术、增铵营养技术、磷素活化技术，采用自主研发的芯型肥料制备技术，添加中国科学院沈阳应用生态研究所研制的 NAM 稳定剂。NAM 稳定剂是由硝化抑制剂、脲酶抑制剂、磷活化剂组成的一种复合添加剂，具有抑制脲酶、抑制硝化、提高磷活性和调节植物生理活性的综合功能。不存在包膜污染，所添加的稳定剂对环境安全、无残留。降低硝酸根、亚硝酸根及氧化亚氮对水体与大气的污染。氮养分有效期可达 100 ~ 120 天，为普通尿素的 2 倍。提高养分利用率——氮利用率提高 10% ~ 12%，磷提高 4 个百分点，土壤磷活化率 13%，肥料磷有效率提高 28%。成本增加不多，但作物增产效果明显，等氮量施肥平均增产 7% ~ 16%，是一款控氮活磷的稳定性肥料。

典范产品3：海魔王复合肥料

本产品采用西洋优质硫基喷浆为原料。喷浆造粒，养分均匀；富含多种中微量元素，水溶磷含量高达 85%，肥料利用率高。含铵态氮和酰胺态氮两种氮源，铵态氮肥效快，酰胺态氮肥效久，双氮协同，速效长效，高效利用。利用低温微包埋技术，融入小肽鱼蛋白、海藻提取物等高活性天然性营养物质。利用分子生物酶工程技术，通过特定的生物酶，将深海鱼的鱼肉蛋白质深度分解为小分子物质，再利用高科技物理分离及分子筛等技术进行提纯，从而获得高纯度全水溶天然高活性小肽鱼蛋白，更易被作物吸收和直接利用，对作物生长具有显著的营养功效。该系列产品不仅能有效促进无机养分的高效吸收和利用，同时还有促进生长、提高作物品质、健壮长势等功能。

联系人	郭争果	联系电话	18600145566
传　真	0851-87791999	电子邮箱	/
通信地址	贵州省息烽县温泉镇	网　址	www.gzxysy.cn

天一智慧生物（云南）股份有限公司

一、单位概况

天一智慧生物（云南）股份有限公司是一家专注于环保型生物肥料的研发、生产与推广的企业。公司成立于 2011 年 5 月，生产基地坐落于云南省玉溪市。注册资本 4 656 万元，年产生物肥料 3 万吨。

公司创立十多年来，笃信实践出真知，坚持在各种不同的农地上试验和检验科研成果，崇尚科技的力量，坚持走自主创新之路。公司秉承“人民利益至高无上”的价值观，用工匠精神，在产品效果及超高性价比方面不断进取、超越。

二、纳入典范产品特征介绍

典范产品1：全智能套餐肥（A肥）

本品使用安全，全能高效，专注土壤问题，采用灌根方式，重点解决根系到茎基部健康，同时对土壤进行消毒、改良，屏蔽各种土壤病害。

充分发挥免疫生物蛋白（多肽≥26%，蛋白质≥27%）、氨基酸、腐植酸、甲壳素、鱼蛋白、海藻酸、微生物等全方位作用，侧重全营养，高效补充优质蛋白，确保土壤对根系的营养供应；同时全面激活根系免疫力，唤醒土壤中的土著微生物，激发土壤活力，从根本上管控作物根系自然态健康生长。

产品特点：

①屏蔽技术，把有害菌进行彻底隔离。

②平衡技术，重建根际微生物环境，实现土壤健康。

③活氧技术，给根部输送氧气，快速解决烂根、黄根、黑根问题。

④改性技术和解盐技术，解决盐分、酸碱等问题，实现根际环境健康。

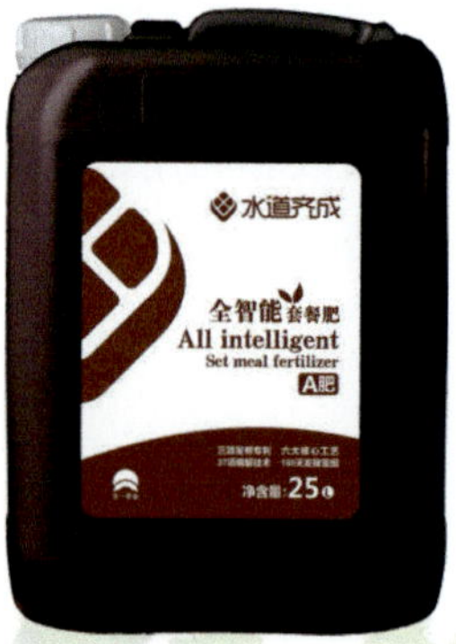

典范产品2：全智能套餐肥（B肥）

本产品使用安全，全能高效，专注叶片健康。采用叶喷方式，重点解决叶片、茎秆健康。

利用信号因子传导，疏通维管束，实现上下平衡，传导不受阻，强化光合作用，有效屏蔽叶片及茎秆病害。

发挥超高免疫生物蛋白（多肽≥ 47%）作用，全面激活植株免疫力，强劲保卫植株健康生长状态。从根本上协调作物根、茎、叶、花、果平衡生长，齐头并进。植株呈现极限6齐生长状态，是最佳状态、健康态、平衡态，强壮、有力。增产、抗病强、品质好。

极限6齐表现：

苗齐：不死苗，不死棵。

根齐：主根、须根、毛细根强劲有力。

叶齐：老叶、新叶挺拔、翠绿。

花齐：出花统一，花壮。

果齐：大小、颜色、形状均匀。

整齐：节间长短一致，不旺长、不早衰。

典范产品3：药减半免疫生物蛋白

本产品使用安全，全能高效，专注减肥减药。由天然氨基酸以不同组成和排列方式构成的从二肽到更复杂的不同肽类，具有多种植物代谢和生理调节功能，易吸收，有促进免疫、激素调节、抗菌、抗病毒等作用，安全性极高。采用灌根及叶喷组合使用方式，重点解决用肥多造成的土壤板结、根系萎缩、衰退等问题，以及用药多造成的叶片老化、僵苗、不长、减产等问题。

本产品核心技术：酶解技术和106种微生物（含高原菌种）；超长发酵期180天；24种以上氨基酸和各种植株可以快速吸收的有益物质；含有能够迅速激活土著菌种发挥作用的特殊物质。

已申请国家发明专利（审核中）：1种生物解盐菌肥及其制备方法；1种氧肥及其制备方法；1种诱导植物抗性的生物菌肥及其制备方法。

联系人	杨海燕	联系电话	18087790318
传　　真	/	电子邮箱	/
通信地址	云南省玉溪市通海县秀山街道太和街123-1	网　　址	/

大理大维肥业有限责任公司

一、单位概况

大理州大维肥业有限责任公司成立于2005年，是由云南云维集团有限公司与自然人股东共同发起组建的一家集生产、销售、中转各类复合（混）肥、其他化肥及煤化工产品的现代化企业，注册资本4 400万元。公司现有员工200余名，其中专业技术人员32名。公司坐落于祥云县财富工业园区，占地面积126.43亩，属于祥云县招商引资企业。公司依托云南省农业科学院农业环境资源研究所雄厚的科研力量和云维集团成熟的生产技术，本着“大维肥测土配”的产品研发方针，为农业生产提供大量优质的各类专用、通用型复合肥。

二、纳入典范产品特征介绍

典范产品1：酶解海藻精

本产品以大西洋深海巨藻为原料，采用生物酶解技术提取海藻浓缩液，经喷雾干燥精制而成，极大程度地保留了海藻中的天然活性物质（海藻酸、多糖及低聚糖、酚类多聚化合物、甘露醇、甜菜碱、激动素、分裂素等），对于植物的生根发芽、催花保果、着色靓果、抗寒抗冻、抗病抗逆、解除药害、促进愈合等方面都有优异表现。海藻精是以海洋生物海藻为主要原料经提取精制而成，富含植物可直接吸收利用的18种氨基酸和对植物生理过程有显著影响的植物生长调节剂（生长素、细胞分裂素、赤霉素等）、海藻酸、腐植酸、维生素、核苷酸、植物抗逆因子以及植物生长必需元素氮、磷、钾、钙、镁、硫、铁、锰、铜、锌、钼、硼等，这些生物活性物质都是从海藻中提取的天然物质，无刺鼻的化学气味，略有海藻腥味，无残留。

典范产品2：膨果素

本产品采用冰岛国际LC-86技术研制而成，能迅速地溶解于水中，更易被作物吸收，吸收利用率相对较高，可达98.5%以上。对于一些幼嫩的植物或者根系不太好的作物出现缺素症状时，使用本产品是一个纠正缺素症的选择，可极大地提高肥料吸收利用效率。本产品是集生根、壮苗、膨果、高效增产为一体的多功能高科技产品。

典范产品3：靓果素

本产品采用冰岛国际 LC-86 技术研制而成，能迅速地溶解于水中，更易被作物吸收，吸收利用率相对较高，可达 98.5% 以上。对于一些幼嫩的植物或者根系不太好的作物出现缺素症状时，使用本产品是一个纠正缺素症的选择，可极大地提高肥料吸收利用效率。本产品是集生根、壮苗、膨果、高效增产为一体的多功能高科技产品。

联系人	陈永泉	联系电话	13769248898
传　　真	/	电子邮箱	1762076641@qq.com
通信地址	云南省大理白族自治州祥云县清红路大维肥业	网　　址	/

新疆玉象胡杨化工有限公司

一、单位概况

新疆玉象胡杨化工有限公司成立于2009年，注册资本89 563.76万元，现有员工1 400余人。依托独有的硝酸制造工艺、硝酸铵生产工艺、高塔造粒生产复合肥工艺三大国内领先生产技术及具有的自主知识产权和国际先进水平的三聚氰胺生产工艺建成西北地区最大的硝基复合肥生产基地及三聚氰胺生产基地。历年来，公司先后通过ISO 9001质量管理体系、ISO 14001环境管理体系、ISO 45001职业健康安全管理体系三体系认证，成功取得国家绿色工厂认证和安全标准化二级企业认证。公司生产的象牌、神杨牌硝基复合肥（30-6-0、21-25-0、26-6-6、15-15-15）取得绿色产品认证。公司被新疆维吾尔自治区土壤肥料工作站授予2020年度新疆测土配方施肥认定企业称号，被乌鲁木齐海关授予海关一般认证企业，被阿克苏地区行署授予突出贡献企业、重点扶优扶强企业、守合同重信用单位、地区民族团结进步示范企业（社会组织）称号，获沙雅县民族团结先进模范单位、脱贫攻坚工作先进集体、经济发展突出贡献奖等荣誉。公司秉持“技术创新实现环境保护、资源利用、经济价值和谐共赢”的理念，将自主研发和合作研发紧密结合，持续打造以化工循环体系带动新农业发展的绿色产业平台。

二、纳入典范产品特征介绍

典范产品1：高塔硝基水溶肥（30-6-0）

产品特点：

①高氮含磷复合肥，适合做旱地作物底肥、追肥，主要用于旱地作物，使生长前期，提苗效果显著。

②硝态氮、铵态氮双氮结合，植物直接吸收利用，低温起效，肥效迅速。

③不含缩二脲，无氯，无重金属污染，无毒副作用，施用更安全。

④高塔造粒，含磷氮源，植物吸收利用率高，能有效促进中微量元素吸收。

⑤酸性肥料，改良土壤，抗土壤板结。

典范产品2：高塔硝基水溶肥（21-25-0）

产品特点：

①硝基磷酸铵，适合做旱地作物追肥。

②硝态氮、铵态氮双氮结合，速效性与持效性相结合。

③不含缩二脲，无氯，无重金属污染，无毒副作用，施用更安全。

④高塔造粒，水溶性强，氮磷结合，植物吸收利用率高，能有效促进中微量元素吸收，促进作物根系生长，增强作物抗逆性。

⑤酸性肥料，改良土壤，抗土壤板结。

典范产品3：高塔硝基水溶肥（26-6-6）

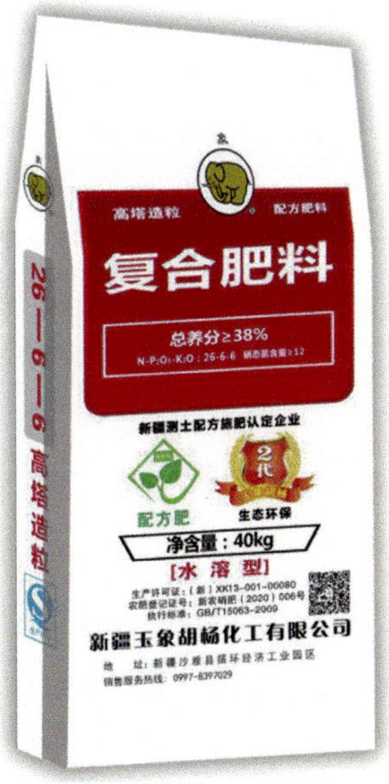

产品特点：

①硝基硫钾型三元水溶肥，多元养分，适合做旱地作物追肥。

②硝态氮、铵态氮双氮结合，肥效迅速，持效期长。

③工业一铵提供磷源，高纯度曼海姆硫酸钾配方，无毒副作用。

④高塔造粒，水溶性强，含磷钾氮源，植物吸收利用率高，可有效促进中微量元素吸收。

⑤酸性肥料，改良土壤，抗土壤板结。

典范产品4：高塔硝基水溶肥（15-15-15）

产品特点：

①平衡型硝硫基水溶肥，多元养分，适合做旱地作物追肥。

②双氮结合，肥效迅速，持效期长。

③工业一铵、高纯度曼海姆硫酸钾配方，作物易吸收，无毒副作用。

④高塔造粒，水溶性强，氮磷钾平衡配比，植物吸收利用率高。

⑤酸性肥料，改良土壤，抗土壤板结。

联系人	郭建超	联系电话	18096956837
传　　真	/	电子邮箱	395628853@qq.com
通信地址	新疆维吾尔自治区阿克苏地区沙雅县沙雅镇团结南路171号	网　　址	/

新疆天物生态环保股份有限公司

一、单位概况

新疆天物生态环保股份有限公司是一家国家级高新技术环保企业，长期专注于应用生物技术对有机固废进行处理及资源化利用，于2014年在新三板成功挂牌上市，现有总资产2.3亿元。公司年产肥料10万吨，主要包括生物有机肥、有机肥、有机物料腐熟剂和生物菌肥系列产品。公司获得7项国家肥料生产登记证，开发并推出生物菌肥、生物有机肥、有机物料腐熟剂等4系列14种产品，已成为新疆生物肥料行业的领先者。公司现拥有32项专利，发表相关研究文章5篇，科技成果鉴定3项。

公司现拥有一批经长期锻炼的专业人员和完善的营销网络，已发展成为集科研、生产、销售、服务一体的科技型企业，在全疆建立了完善的销售网络，生物肥料产品已得到广大农民的认可，产品销售量迅速提高。公司对有机肥堆肥工艺有10年的研究生产经验，通过技术输出，在新疆先后扶持培养了13家生物有机肥厂，拥有熟练掌握有机肥堆肥工艺技术的人员及工人。

二、纳入典范产品特征介绍

典范产品1：复合微生物肥料

本产品复合有益微生物、易转化有机质和植物生长营养元素，能满足作物不同生长周期功能需求。本产品施入土壤后，微生物在有机质、无机营养元素、水分、温度的协助下大量繁殖，减少了有害微生物群体的生存空间，从而增加了土壤有益微生物的数量，微生物产生大量的有机酸可以把多年沉积在土壤中的磷钾元素部分溶解释放出来供作物再次吸收利用，长期使用后土壤将会变得越来越疏松和肥沃。分解有机残体，形成土壤腐殖质，改善土壤结构和理化性状。本产品施入土壤后，会产生多种对作物有益的代谢产物。这些代谢产物不仅给作物生长提供所需的大量和中微量元素，还能为作物提供有机质和有益活性因子，刺激或调控作物生长，使作物健壮，达到增产目的。本产品增加了有机质、腐植酸、氨基酸等有机营养，有利于作物糖分的积累，提高产品的含糖量，可降低农产品中的硝酸盐含量，增加还原糖和维生素含量。

典范产品2：微生物菌剂

本产品菌剂为枯草芽孢杆菌，一种植物芽孢内生菌，帮助作物抵抗外界不良环境的影响。

菌剂的代谢过程中释放出大量的无机有机酸性物质，促进土壤中微量元素硅、铝、铁、镁、钼等的释放及螯合，有效打破土壤板结，促进团粒结构的形成，使被土壤固定的无效肥料转化成有效肥料，改善了土壤中养分的供应情况、通气状况及疏松程度。该菌剂通过多种活性酶，抑制或杀死致病，对棉花的黄枯萎病、稻瘟病，小麦的白粉病、茎腐病，蔬菜的猝倒病、立枯病、青枯病等有一定的防治和抑制作用。同时它也有明显的抗旱、耐寒、抗倒伏、抗盐碱的效果，增强作物的抗病性，从而有效预防作物生理性病害的发生。本产品中有效菌能分解土壤中有机质生成腐植酸，腐植酸与土壤中的氮形成腐植酸铵，可减少氮肥的流失。

典范产品3：生物有机肥

本产品是通过对农林有机废弃物经过高温好氧发酵堆肥，彻底腐熟，并添加植物芽孢内生菌枯草芽孢杆菌，形成的高品质生物有机肥产品。通过有益微生物大量繁殖，增加土壤有机质氮含量，促进磷、钾在土壤中的活性和有效性，发挥其固氮、解磷、解钾的作用，营造微型“生态圈”，良好促进植物根系快速发育，提高植物肥效有效转化，增强土壤的保肥、保水能力，减少病虫害的发生。通过有益菌群生长代谢，可快速降解腐熟大田残留作物秸秆，加快物料矿质化和腐殖化，有效补充土壤有机质和土壤肥力，提高土壤有机质和土壤肥力，抑制或拮抗有害病原菌的生长繁殖，减轻土传、连作及根结线虫的为害，防止出现因土传病害（根腐病、枯萎病、黄萎病）或重茬引起的死棵等现象，达到增产增收的目的。

联系人	胡开明	联系电话	17799656307
传　　真	0991-3137778	电子邮箱	1527854599@qq.com
通信地址	新疆维吾尔自治区乌鲁木齐市高新区（新市区）净水路70号	网　　址	www.china-ecotech.com

沧州奇宝农业科技发展有限公司

一、单位概况

沧州奇宝农业科技发展有限公司成立于 1998 年 10 月，是集生物菌剂与农业肥料新技术研发、生产、销售、农技综合服务保障为一体的科技型合资企业。公司成立 20 多年来，先后获国家专利技术发明博览会金奖、河北省重点推广产品和中国质量信用 AAA 级企业、河北省放心农资企业等荣誉，通过 ISO 9001 国际质量体系认证，入选河北省肥料协会第一届理事单位。公司产品涵盖金收诚系列大量元素水溶肥料、钛醇系列中量元素水溶肥料、植绿丰系列微量元素水溶肥料、金钛宝系列含氨基酸水溶肥料、根果魁系列含腐植酸水溶肥料、润系列助剂等 6 个大类、30 多个品种，产品行销国内 20 多个省区市。近年来，公司加大技术革新和产品研发力度，稳步推进小区试验、对比试验，力求更好更有效地服务于国家生态农业建设和安全农产品生产。

二、纳入典范产品特征介绍

典范产品1：植绿丰系列含微量元素水溶肥料

剂型	技术指标	农业农村部登记证号
粉剂	B+Mn+Zn+Fe+Cu+Mo≥10%	农肥（2008）准字1173号
液体	B+Mn+Zn+Fe+Cu+Mo≥100克/升	农肥（2004）准字0319号

产品特点：

本系列产品能够快速补充和均衡植物体内各种营养元素，加速植物内部微循环和细胞代谢；促进早熟，使果色艳亮表光好，极大提高优果率；有效增强作物抗逆性，使植株健壮，根深叶茂，光合作用强，使植株内养分积累多，植株抗病能力和对高温、低温、干旱、高湿的抵抗力明显提高。

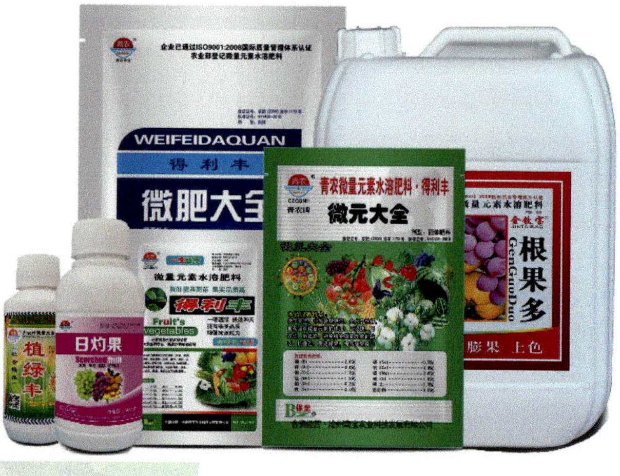

瓜果类作物施用本产品后，幼果膨大快，果正均匀无畸形，果形、着色均有明显改善，单果重增加，口感更好，营养成分如维生素 C、水溶性糖和微量元素含量明显提高。本产品活化土壤，改善土壤团粒结构，提高土壤保水保肥

能力，促进根系发达、健壮生长，保花坐果，对生理性病害、缺素引起的症害效果明显。根据作物品种、施用时期剂量及地区不同，可提早成熟 2 ～ 15 天，给农民带来效益比单纯增产更高。多年来，通过云南、陕西、四川、河北等地验证推广使用，在果树、蔬菜等高价值经济作物上效果良好、增产增效明显。

典范产品2：金钛宝系列含氨基酸水溶肥料

剂型	技术指标	农业农村部登记证号
粉剂	含氨基酸≥10%；B+Mn+Zn≥2.0%	农肥（2017）准字6823号
液体	含氨基酸≥100克/升；B+Mn+Zn≥20克/升	农肥（2017）准字6824号

产品特点：

本系列产品能够强化植物生理生化功能，提高细胞活力，使茎秆粗壮、叶片增厚，功能期延长；调节作物体内酸碱平衡，增强光合作用，扩大叶面积，增多叶绿素，加快体内干物质形成和积累；具有内源激素作用，缩短生长周期，促进作物早成熟上市；改善土壤理化性状，提高土壤保水保肥和透气性能。

施用本产品，瓜果大、色泽好、糖分增加，可食部分多，耐贮性好；蔬菜适口性好，味道鲜美，粗纤维少；花卉花期长，花色鲜艳，香气浓郁。经过河北沧州、陕西渭南、山东烟台、云南红河等地田间试验验证和推广应用，累计施用面积 20 万亩，农民经济效益显著。

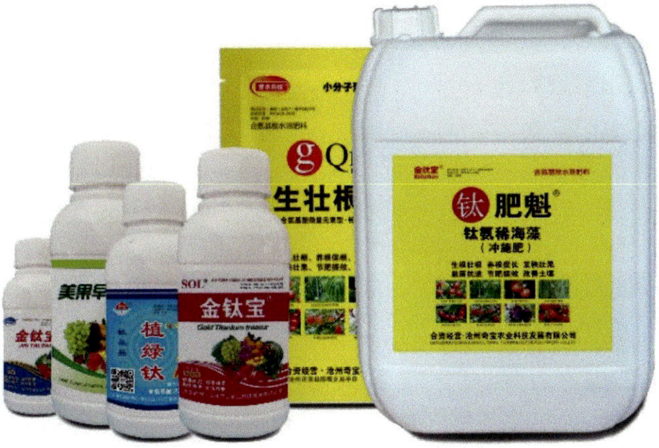

联系人	王云	联系电话	13811685330
传　　真	0317-4381297	电子邮箱	wywltr@sina.com
通信地址	河北省沧州市青县陈嘴乡吴辛庄村	网　　址	www.qibaoagri.com

江苏植丰生物科技有限公司

一、单位概况

江苏植丰生物科技有限公司位于江苏省常州市金坛区华兴路 28 号，成立于 2005 年，注册资本 2 000 万元，是一家专业从事研发、生产及销售肥料的有限责任公司。公司占地面积 30 000 平方米，员工 20 人，其中具有中高级职称的技术研发人员有 3 人，公司主要产品有含腐植酸水溶肥料、含氨基酸水溶肥料、大量元素水溶肥料、微量元素水溶肥料、复合微生物肥料、有机物料腐熟剂、生物有机肥、微生物菌剂、土壤调理剂、中量元素肥料、土壤修复菌剂等十一大类百余个品种。

公司现拥有高新技术产品认证证书、国家级星火计划项目证书等，先后被评为江苏省质量信得过企业、中国现代农资放心品牌、江苏优质·诚信服务单位、江苏省民营科技企业，并成功通过 ISO 9001 质量管理体系认证，2017 年入选中国有机肥知名品牌 15 强，2021 年土壤修复菌剂获得国家发明专利，并相继获得了十多项实用新型专利，后续产品的发明专利正在申报中。

二、纳入典范产品特征介绍

典范产品1：生物有机肥（粉剂、颗粒）

有效活菌数≥ 5.0 亿个 / 克。

产品特点：

①天然原料，深度发酵。采用先进的热酶处理技术，天然有机原料经高温发酵、灭菌、腐熟、除臭，全程无害化处理。

②复合菌群，二次培养。严选有益微生物，多菌培养，成倍激发有机质的作用。

③解磷解钾，修复土壤。高效的有机质可以吸附游离态的养分，提高土壤透气性，培肥地力。

④解决缺素，高抗重茬。防寒抗病、营养全面，减轻作物缺素症及生理病害，提高作物抗病、抗倒伏能力。

⑤增加产量，改善品质。减轻作物连作障碍，极大提高作物品质，保持农产品的天然口感。

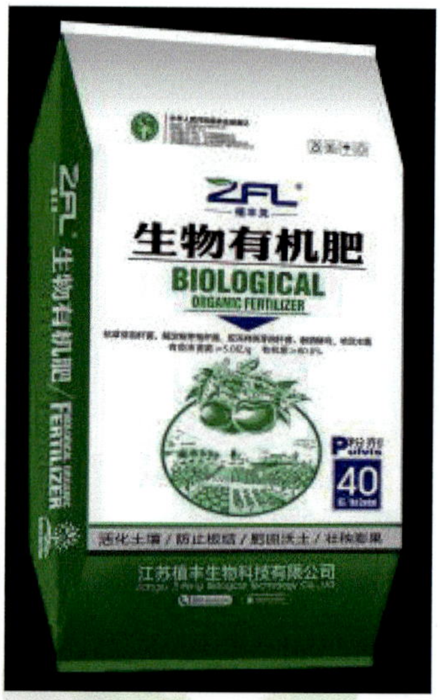

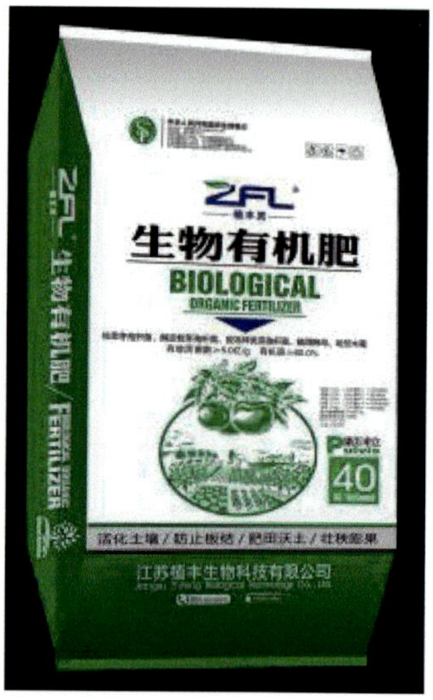

典范产品2：复合微生物肥料（粉剂、液体）

产品特点：

① 100% 全水溶。无杂质，广泛适用于滴灌、冲施和叶面喷施，省水、省时、省工。

②三效合一。有机、无机、微生物三元合一。相互促动，相互补充，全面均衡提供养分和改良土壤种植环境。

③肥效持久。有机负载无机，生物促进转化，解磷、解钾，促进吸收，肥料利用率高，肥效持久，增产效果显著。

④以菌治菌。富含高活性有益菌，产生多种抗生素和酶类物质，提高作物抗逆性。

⑤活化土壤。增加土壤有机质含量，促进土壤形成团粒结构，提高土壤通透性。降解肥残、药残、提高农产品品质。

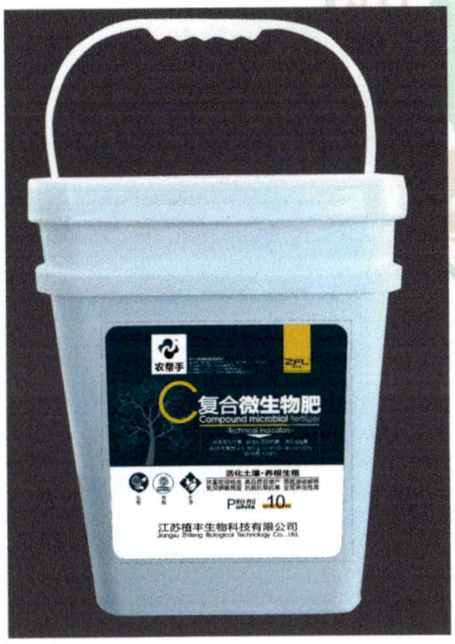

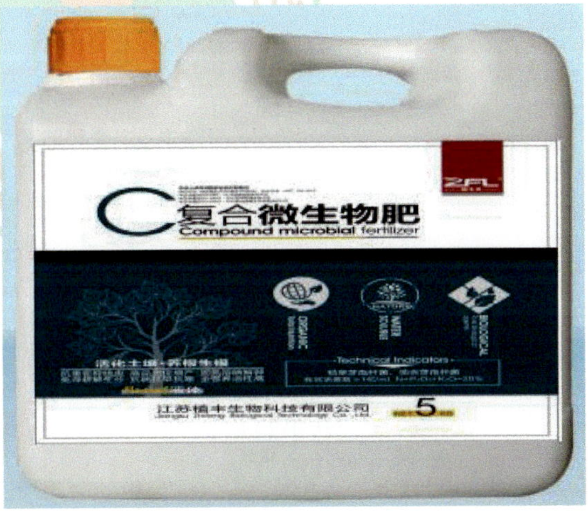

联系人	李霞	联系电话	13961112600
传　　真	0519-82306885、82306802	电子邮箱	1290106499@qq.com
通信地址	江苏省常州市金坛区华兴路28号	网　　址	www.jszfsw.com

上海悦威生物科技有限公司（汕头分公司）

一、单位介绍

上海悦威生物科技有限公司总部位于上海市金山区国家化工园区，并于2019年成立了广东汕头分公司，分公司坐落在广东省汕头市澄海区溪南镇仙市工业园区，紧靠国道G324，交通极为便利。公司专业从事植物营养新型肥料产品的研发、生产、销售和技术服务。公司携手华中农业大学、华南农业大学、福建农林大学等国内优秀农业科研院校，组成强大研发技术服务团队，所有产品均严格按照ISO 9001质量要求和技术标准进行生产、检验、出厂。

公司创办至今，产品获得市场和行业广泛认可：2013年悦威靓叶、悦威富根等产品被誉为全国农民合作社优选肥料产品；2014年公司正式录入“上海市绿叶蔬菜专用肥料品种推荐名录”并获得优秀肥料企业称号，公司产品悦威稻丰、悦威穗满荣获农业生产基地优选指定产品称号；等等。

公司响应国家号召，积极进行技术创新和产品研发，注重技术服务。多方面参与全国各地土壤修复和服务“三农”的项目，更好地为我国生态农业建设和安全农产品的生产服务。公司多年在耕地保护与质量提升等政府采购项目中中标，在业内具有良好的口碑和影响力。

二、纳入典范产品特征介绍

典范产品1：生物有机肥料

剂型	技术指标		农业农村部登记证号
粉剂	有效活菌数≥2.0亿个/克	有机质≥40%	微生物肥（2018）准字（6294）号
颗粒	有效活菌数≥2.0亿个/克	有机质≥40%	微生物肥（2018）准字（6295）号

产品特点：

本产品以枯草芽孢杆菌、地衣芽孢杆菌等土壤有益微生物为核心，再复配充分腐熟蘑菇渣、豆粕、麸皮等优质植物源有机质。富含大中微量营养元素，具有培肥地力、补充土壤养分、防止营养失衡、增加土壤有益微生物数量、抑制土传病害、提升土壤有机质含量等特点。

本产品在上海市菜园土壤修复项目中得到了大面积推广，多次获得政府采购中标标的。本产品也是公司传统渠道销售的主打产品之一，通过在脐橙、蜜柚、苹果、葡萄、蔬菜、西瓜、甘薯等作物上的大面积应用，普遍反映其在提高作物产量、改善农产品品质方面效果突出。本产品使用方便，一肥多效，投效比例高。

典范产品2：含腐植酸水溶肥料（悦威富根）

剂型	技术指标	农业农村部登记证号
水剂	腐植酸≥40克/升；$N+P_2O_5+K_2O$≥200克/升	农肥（2014）准字3913号

产品特点：

悦威富根富含高活性矿物源腐植酸、黄腐酸及大微量营养元素，能有效调节土壤团粒结构、改善作物根系生长环境、促进作物根系发育、提苗壮苗、增强作物抗逆能力。

本产品在上海、福建、广东、广西等地进行了大面积推广应用，屡次获得上海等地政府采购订单。在青椒、柑橘、番石榴、青枣、草莓、苦瓜等经济作物产量及品质提高方面具有良好的效果。

联系人	谭龙	联系电话	13400962220
传　　真	0754-89876563	电子邮箱	tanlongdragon@163.com
通信地址	广东省汕头市澄海区溪南镇仙市工业区神仙园片东侧	网　　址	/

先正达（中国）投资有限公司

一、单位概况

先正达（中国）投资有限公司是瑞士先正达在中国的全资子公司（以下简称先正达），于 1998 年 8 月在中国注册成立。除种子业务外，先正达还汇集植保产品的开发、生产、销售于一体，在中国高端制剂品牌市场，持续多年市场占有率第一。2021 年，作为先正达集团中国的骨干成员之一，公司持续在国内关注农业绿色可持续增长，并不断推出绿色植保产品。截至 2021 年年底，先正达已有绿色食品生产资料 30 多个、生态环保优质农业投入品 4 个。

二、纳入典范产品特征介绍

典范产品：益施帮

本产品为天然的生物激活剂，使用天然源的原料，经过欧洲先进的水解工艺生产而成。本产品富含多种能够被植物吸收利用的氨基酸、多肽以及有益微量元素，能够促进作物生长、提高作物对非生物逆境的耐受力、提升作物对营养元素和药剂的利用效率，从而达到降低药肥使用量的需求。

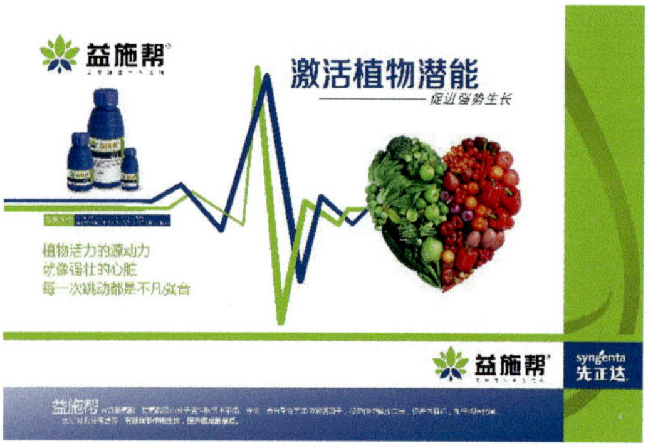

联系人	叶魁	联系电话	/
传　　真	/	电子邮箱	Kui.ye@syngentagroup.cn
通信地址	北京市丰台区西铁营中路2号院，佑安大厦17层	网　　址	Syngentagroup.com

阿尔格河北生命科学有限公司

一、单位概况

阿尔格河北生命科学有限公司位于河北辛集经济技术开发区，属国家农业科技园区内企业。公司致力于应用微藻生命科学技术解决农业环境安全和土壤可持续循环利用的问题，以改良土壤障碍、降低农民投入成本、提高收入产出为目标，是一家集科技研发与技术服务为一体的创新型企业。公司与澳大利亚 JL 微藻实验室及国内外多所科研院校合作，引进目前世界上最先进的细胞培养技术，并自主研发出微藻高筛纯化、微藻母细胞提取、微藻无菌规模化培养等一系列核心技术，开展了微藻技术对土壤盐渍化治理、土壤重金属污染修复、减肥增效等一系列研究并取得了多项成果，受到科技部、农业农村部的大力支持和表彰。

二、纳入典范产品特征介绍

典范产品：阿尔格微藻营养液

本产品是由生物固氮蓝藻和光合营养绿藻科学培植而成的陆生微藻活体细胞有机植物营养液。微藻液进入到土壤后，每个细胞继续裂变繁殖，通过微藻细胞自身生命代谢活动产生大量的胞外多糖、氨基酸等多种代谢产物，可提高土壤溶解氧，促使土壤团粒结构形成，改良修复土壤，再造土壤微生态平衡。微藻细胞具有超强的耐盐碱性，可双向调节土壤酸碱度。有效调节土壤盐度；活体微藻细胞独有的固氮功能和光合功能，为植物生长持续提供各种营养元素，可减少化肥施用量，延长植物光合时长，提高农作物品质和产量。

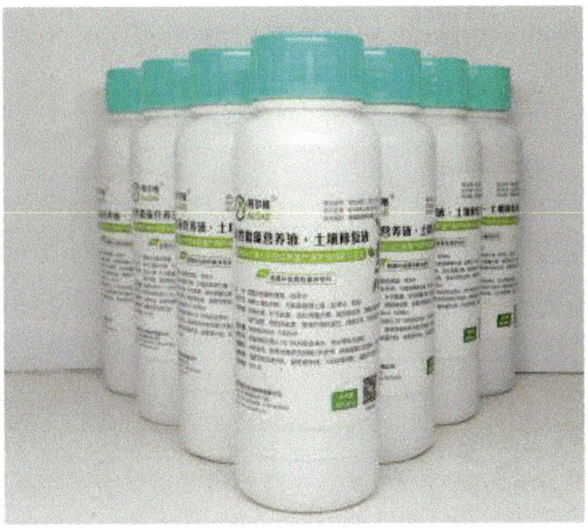

联系人	邢向远	联系电话	18633788666
传　　真	0311-83398666	电子邮箱	909991930@qq.com
通信地址	/	网　　址	www.weizaofei.com

建德市绿环有机肥料有限公司

一、单位概况

建德市绿环有机肥料有限公司成立于 2009 年，公司占地面积 20 亩，建有 60 米发酵槽 3 条，具有年产 2 万吨精制有机肥生产线 1 条、年产 1.5 万吨自动配料颗粒生物有机肥及复合微生物肥料和有机无机复混肥生产线 1 条。公司依托现有先进的生物发酵技术，从事农业废弃物资源化利用及生产精制有机类肥料。

公司现有产品为有机肥料、功能性生物有机肥料、植物栽培基质，并具备生产有机无机复混肥及复合微生物肥料的生产能力。产品通过有机生产资料评估报告，通过 ISO 质量管理体系，被评为建德市农业龙头企业、杭州市农业龙头企业、浙江省守合同、重信用 AA 企业、浙江省科技型中小企业、杭州市企业高新技术研究开发中心、杭州市农业科技企业。

二、纳入典范产品特征介绍

典范产品1：枯草芽孢杆菌生物有机肥

本产品可促进土壤无效磷的充分利用，增加土壤磷钾供给，分泌植物生长激素及多种酶，增强植物对病害的抵抗力。用量：200 ～ 500 千克 / 亩。在建德市杨村桥草莓小镇，每亩草莓使用 500 千克，配合使用少量中微量元素及生物农药，减少化肥使用 30% 以上，农药减少 70% 以上，不减产。在草莓、花椰菜与胡萝卜上应用本产品，作物通过了农业农村部的全国名特优新农产品营养品质评价鉴定报告，并取得有机认证。在建德市杨村桥杨家水库农场，旱地种植“旱优 72”每亩使用 200 千克本产品，对照区使用折成相同养分的有机肥及复合肥，其他管理相同，使用本产品的区作物平均产量增加 13%、株高平均增加 11 厘米、节水抗旱能力明显。

联系人	吴开荣	联系电话	15168307525
传　　真	/	电子邮箱	324304533@qq.com
通信地址	浙江省建德市杨村桥镇官路村灶坞	网　　址	/

河南心连心化学工业集团股份有限公司

一、单位概况

河南心连心化学工业集团股份有限公司（原河南心连心化肥有限公司）1969 年建厂，2003 年从国有企业改制为民营企业，2019 年改制为股份有限公司，其控股股东为中国心连心化肥有限公司（新加坡注册成立公司）。集团目前拥有河南、新疆、江西三大生产基地，生产尿素、复合肥、甲醇、三聚氰胺等产品。集团始终秉承科技领先发展战略，目前拥有中国氮肥工业（心连心）技术研究中心、氮肥高效利用创新中心、国家企业技术中心、水肥一体化工程技术研究中心、博士后科研工作站、国家认可实验室等科研平台。集团曾获得高新技术企业、绿色工厂等荣誉称号，连续十年被中国石油和化学工业联合会授予“能效领跑者标杆企业（合成氨）”荣誉称号。集团于 2012 年在行业内提出“中国高效肥倡导者”品牌定位，并与中国科学院等科研单位共同研发推广了控失系列、腐植酸系列、中微量元素系列等多系列产品，实现差异化、精细化高效肥产品布局。集团坚持“总成本领先、差异化竞争”的发展战略，做强做大化肥主业，依托河南、新疆、江西等地区资源，向上游煤矿等资源地发展，向下游新能源、新材料等产品链延伸，向煤化工相关多元化方向发展。

二、纳入典范产品特征介绍

典范产品1：心连心

本产品是公司主打的中高端品牌，以腐植酸、控失、作物专用肥、高塔硝硫基、水溶肥为重点高效肥品类。

典范产品2：手拉手

本产品为公司的中端品牌。以大田产品为主，重点打造样板市场。

典范产品3：沃利沃

本产品为公司的高端品牌。专注于海藻酸等新型高端肥料的开发与推广，产品涵盖海藻酸、稳定性、全水溶腐植酸、长效控失、高塔硝硫基、高塔尿基、增效型等系列产品。

联系人	闫雪梅	联系电话	15090349948
传　　真	0373-7082804	电子邮箱	hnxlxhf@163.com
通信地址	河南省新乡市新乡县经济开发区心连心大道东段	网　　址	www.hnxlx.com.cn/About/index/cid

赤水市幸福源生物科技股份有限公司

一、单位概况

赤水市幸福源生物科技股份有限公司于2012年，注册资金1 200万元，公司所在地距赤水市区约10千米，占地面积36.6亩。是一家专门利用禽畜养殖业、白酒业、食品加工业等排放的各类有机废弃物，进行综合利用的环保型生产企业和省级农业产业化经营龙头企业，公司目前已取得14个实用新型专利，已通过质量管理体系认证、环境管理体系认证和职业健康安全管理体系认证。公司产品有有机肥料、有机－无机复混肥料系列产品，现厂房占地面积23 000多平方米，在职职工50余人，拥有先进的有机肥料、有机无机复混肥生产设备和技术力量，年生产能力已达10万吨以上。

二、纳入典范产品特征介绍

典范产品1：有机肥料

本产品以植物源为原料发酵加工而来，消除了原料中的有毒有害物质，富含大量有益物质，包括多种有机酸、肽类以及氮、磷、钾等。本产品不仅能为农作物提供全面营养，而且肥效长，可增加和更新土壤有机质，促进微生物繁殖，改善土壤的理化性质和生物活性，是绿色食品生产的主要养分。

典范产品2：有机－无机复混肥料系列

有机－无机复混肥料是由有机无机物料混合或化合制成的肥料，它是有机肥的深加工和产业化的产物。养分供应平衡，肥料利用率高。含有大量有机质，可以起到改善土壤理化和生物性状的作用，可增强土壤中微生物的活性，促进有机质的分解和矿物态磷、钾的有效激活，使各种养分均衡释放，调节土壤的pH值。本产品除供给植物营养，还具有独特的生理调节作用，它可促进植物根的呼吸和养分吸收作用，以及叶面的光合作用等，为植物的生长发育提供有力保障。

联系人	刘本珍	联系电话	19985205523
传　　真	/	电子邮箱	1135809250@qq.com
通信地址	贵州省遵义市赤水市天台镇星光村	网　　址	www.xfygf.com

第二部分

应用试点单位

北京老宋瓜王科技发展有限公司

一、单位概况

北京老宋瓜王科技发展有限公司成立于2003年4月，以北京老宋瓜果专业合作社为依托，坚持“合作社＋公司＋农户”产业化订单运营模式，是一家集科研开发、科技试验示范、生产销售、旅游观光、休闲采摘、新技术推广应用及培训为一体的高新科技企业。公司先后获评北京市观光农业示范园、最佳观光采摘园、中国著名品牌、2008年北京奥运会餐饮原材料供应工作贡献奖、中国食品行业质量放心品牌、国家质量监督检测合格——全国质量信得过产品等。公司现已成为多家大专院校社会实践基地、北京市青少年外事交流基地。2008年投资600多万元打造“老宋瓜艺苑”联栋温室，以“自然、艺术、文化、科技”四大理念，展示瓜文化、瓜的栽培科技，是国内目前“主题定位最明确，文化内涵最丰富、艺术手法最精致、科技含量最高”的西瓜主题公园。

二、纳入典范产品特征介绍

典范产品1：L600小西瓜

小果型有籽西瓜，皮薄、籽少、糖度高，单果重1.8千克左右，适合现代的家庭结构，一顿吃完一个瓜。种植全程依照无公害农产品的生产标准，肥料选用中农绿康（北京）生物技术有限公司生物有机肥、抗重茬微生态制剂、防线虫微生态制剂等植物微生态制剂，蜜蜂授粉，不使用化学农药，提高了西瓜的品质。全部采用立体栽培模式，一藤一瓜，保证每个西瓜的营养供给，使西瓜的叶面、根茎、果实360°光照无死角，产出的西瓜外观圆润、糖度均匀、水分充足、口感细腻。本产品被评为无公害农产品。

典范产品2：京彩一号西瓜

公司联手科研单位历经3年研发、试种、调研，重磅推出“京彩1号”——首款具有营养保健功能的西瓜。瓤色橘色，富含高β胡萝卜素、叶黄素。β胡萝卜素是普通西瓜的5倍，叶黄素是普通西瓜的12倍。本产品具有解暑、利尿、降燥的效果；所含高β胡萝卜素、叶黄素，可抗氧化、利肝护目，对视力有着极佳的保健效果。小果型有籽西瓜，单果重2.3千克左右，适合现代的家庭结构，一顿吃完一个瓜。种植过程采用科技栽培技术，智能全自动大棚，实时监测大棚内的温湿度、土壤水分、土壤温度等信息，自动调控温室环境，控制灌溉和施肥作业，生物技术防治病虫害，保证每颗西瓜都有相同的脆沙甜口感。皮薄（0.3厘米），籽少，水分足（92%以上），甜度高，心糖至边糖梯度小——口口甜。

联系人	宋绍堂	联系电话	13301368023
传　　真	010-89282866	电子邮箱	laosongguayuan@sina.com
通信地址	北京市大兴区庞各庄镇 瓜乡桥往东2公里路北	网　　址	www.laosongguawang.com

衡水市冀州区釜鑫家庭农场

一、单位概况

衡水市冀州区釜鑫家庭农场成立于2013年12月26日，位于衡水市冀州区门家庄乡西堤北村。现经营流转土地现经营流转土地2 000多亩，其中小麦种植1 300余亩、辣椒种植300余亩、桃种植400余亩。农场属个人独资企业，注册资金100万元。

农场负责人一直致力于生态农业的发展并积极地参加农业农村局组织的各种培训，学习新技术、新理念，不仅丰富了发展管理经验，同时健全了农场的安全生产管理制度、财务管理制度、农业机械使用保养规则。农场以可持续发展为理念，积极响应党中央关于发展高效农业、生态农业的政策。种植先“种”土，农场在土壤改良上不遗余力，在总体规划、使用生物有机肥、优良品种选择、生态循环种养技术等方面勤学善思、学以致用，不断转变思想观念、创新工作思路、改进工作方法、革新生产技术，把农场作为实践运用农业科学技术的平台、职工学习新兴农业科技的看台。农场不断探索新型农业、绿色农业、特色农业的发展模式，挖掘市场需求，依托科技创新，实现农场的高质量发展，助推乡村振兴战略。

二、纳入典范产品特征介绍

典范产品1：小麦

农场种植的小麦从底肥开始施用生物有机肥。生物有机肥具有降解农药残留、促进幼苗生长、疏松土壤、改善土壤结构、提高小麦的抗病能力等作用，生物有机肥在小麦上的试验效果显示，在施用化肥的基础上增施生物有机肥则能使小麦增产11.3%。施用生物有机肥的小麦水分降低，不完善粒减少，千粒重、容重、出粉率提高，籽粒品质更佳，面团的形成时间和稳定时间延长，面粉筋力更强，品质更佳，蛋白质、钾、钙、铁、锌含量提高，营养更丰富。

典范产品2：辣椒

辣椒根系不发达，吸收能力相对较差，对土壤的通透性等要求较为严格，在通透性良好、肥料充足的土壤中才能长得更好。因此，在种植辣椒前5 ~ 7天，要科学合理施足生物有机肥肥料做底肥，质量好的生物肥能分解大量作物不能吸收利用的养分，把土壤和空气中的氮转变成植物可吸收的氮肥，把土壤中作物吸收不了的磷、钾重新活化，让辣椒吸收利用。生物肥施到地里，就好像建成一个小化肥工厂，源源不断地制造各种养分，使辣椒产量大幅度提高并缩短生育周期提早上市，且品质得到改善。由于生物肥能改善根系环境，促进根系发达、吸收养分能力增强，能使辣椒果色正、抗病力强，达到绿色标准。

典范产品3：桃

农场以生产优质果品为导向，注重使用生物有机肥，用有生物机肥代替化肥，实现化肥零增长，同时采用绿色防控技术防治病虫害，倡导农产品农药低残留。农场种植的桃，早中晚熟结合，露地栽培和保护地栽培相结合，实现错季成熟、三季有桃，绿色无公害生产、品牌销售。生产中均采用河北祥术有机肥有限公司生产的生物有机肥，使用生物、物理等病虫害综合防控技术，提高植物自身抗性，减肥减药，节水高效，确保产品口感纯正，市场反应极好。

联系人	张立勤	联系电话	13184765362
传　　真	/	电子邮箱	1243806055@qq.cm
通信地址	河北省衡水市冀州区竹林大街213号湖镜台	网　　址	/

河北集美绿化工程有限公司

一、单位概况

河北集美绿化工程有限公司成立于2017年11月，注册资金1 000万元，位于保定市徐水区东史端镇陈庄村南，距雄安新区仅1千米，交通位置十分便利，公司主营苗木种植、蔬菜果树种植、农产品加工、园林绿化、种苗培育、土壤改良等业务，现已发展成为全国最大的玉兰花卉种植基地和雄保地区重要的优质农产品供应基地。

公司自2018年开始大力推进有机肥替代化肥，通过连续3年施用瑞沃斯公司生产的大幸生物有机肥，地力明显得到了恢复和提升，作物病害明显减少，作物的长势和农产品品质提升明显，在此基础上严格品种及农艺措施管控，为培育生产精品玉兰和高品质农产品奠定了基础，目前公司投资3 000万元建设的玉兰花卉种植园已初具规模。集美公司通过花卉苗木和蔬菜果树两大板块协同发展，以服务雄安为宗旨，打造集现代农业、休闲旅游、田园社区为一体的雄安优美花园！

二、纳入典范产品特征介绍

典范产品1：紫皮洋葱

洋葱属于草本植物，性温、味辛甘，具有美容养颜、杀菌、促进消化的功效。紫皮洋葱的蛋白质、膳食纤维以及钙、磷、钾、钠、镁、锌、铁等矿物质含量均比黄、白皮的高。花青素含量高，有较好的抗衰老作用。紫皮洋葱含有的有机硫化合物含量要高于黄白皮两种，因此其辣味更重。有机硫化合物具有抗菌、抗癌、抗动脉粥样硬化、抗炎症的作用，同时可根除体内的自由基，具有抗氧化的功效。

公司种植基地施用瑞沃斯公司生产的大幸生物有机肥全面替代化肥，土壤肥力得到全面的补充和提升，根系发育旺盛，病害少，洋葱品质大幅度提升。公司所种植的紫皮洋葱外观大小均匀，色泽一致，水润新鲜，口感嫩脆香甜，辣味较浓；与同类产品相比，可溶性固形物含量、还原糖含量更高，口感更好；维生素C、蛋白质、磷、钙、铁、锌含量更高，营养更丰富。

典范产品2：玉兰

玉兰别名木兰、玉兰花、玉堂春，是我国栽培历史最悠久的观赏树之一，中外著名的早春名花，以花大、味香似兰而得名。在北方地区，其他植被还未复苏之际，玉兰就已开花，是最早开花的落叶小乔木，花色多样，姿态美观。玉兰还是大气污染地区很好的防污染绿化树种。

公司拥有一支技术精湛的由高级园艺师、高级农艺师、专业设计师组成的优秀团队，自2018年开始大力推进有机肥替代化肥，通过连续3年施用瑞沃斯公司生产的大幸生物有机肥，地力明显得到了恢复和提升，玉兰病害明显减少，苗木长势旺盛，在此基础上严格品种及农艺措施管控，落地种植时采用标准合理的种植间距，为培育生产精品玉兰和高品质农产品奠定了基础，目前公司投资3 000万元建设的玉兰花卉种植园已初具规模。

典范产品3：番茄

番茄属茄科一年生或多年生植物，浆果扁球状或近球状，肉质而多汁液，种子黄色，花果期夏秋季。番茄健胃消食、清热解毒、凉血平肝、生津止渴，有补血养血和增进食欲的功效。

公司种植基地连续3年施用瑞沃斯公司生产的大幸生物有机肥，土壤肥力得到全面的补充和提升，根系生长旺盛，作物病害明显减少，作物的长势和农产品品质提升明显，生长全过程不使用化肥和农药，番茄品质大幅度提升。公司生产的番茄色泽一致，果皮光滑，果腔充实，果实坚实，富有弹性，果肉肥厚沙质，风味浓郁。与同类产品相比，可溶性固形物含量、可溶性糖含量、固酸比、糖酸比提高；维生素C、钾、磷、钙、铁、锌含量提高，营养更丰富、风味更佳。

联系人	牛旭东	联系电话	13582252530
传　　真	/	电子邮箱	297359055@qq.com
通信地址	河北省保定市徐水区东史端镇陈庄村	网　　址	dacin.cc

上海佳缘农业种植专业合作社

一、单位概况

上海佳缘农业种植专业合作社于2021年7月成立，为农民专业合作社，注册资本50万元。注册地址在上海市青浦区华新镇陆象村210号，占地面积30亩。

合作社经营范围为蔬菜种植、谷物种植、水果种植、食用菌种植、园艺产品种植、花卉种植以及食用农产品零售。在乡村振兴的背景下，合作社积极国家号召，在保证绿色生态的标准下，运用先进的科学手段，开展智慧种植、绿色种植工作，积极带动当地农业经济发展，为国家农业农村发展贡献力量。合作社与赛安环境公司进行战略合作，积极引进先进高质量肥料，共建共赢，实现协同发展。

目前，合作社主要进行上海青和酥梨的种植，施加了赛安环境产出的有机肥。使用有机肥之后，土壤有机质含量、阳离子交换量提升约40%，提升幅度显著。上海青、砀山酥梨产量有显著提升。

二、纳入典范产品特征介绍

典范产品1：上海青

前期有机水肥调理土壤。上海青喜欢在渗水性良好的富含有机质的肥沃土壤中生长，播种前在土壤里施加少量的赛安有机肥溶液效果最佳。

多次施肥减少虫害。在上海青生长的整个过程中关键在于多次施肥，主要以赛安Airfree有机肥为主，根据上海青的生长情况来进行适量施肥，当上海青叶子发黄的时候要及时施肥。施加有机肥能够调理酸化土壤，提高肥料利用率，净化土壤杂菌，减少病害，大幅减少农药用量。

提高上海青抗逆性。上海青生长过程中多次施加有机肥，能够克服重茬障碍，提高上海青作物抗病、抗旱、抗涝等抗逆性。

提高上海青品质。使用有机肥种植上海青，能改善其生物学性状，提高株高、SPAD值、叶片数、地上部鲜重，从而提高产量，增产率约为15.4%。处理和对照之间差异极显著（P=0.000 7，<0.05）。增加单株叶数和单株重，增加根系活力。

改善土壤结构。有机肥有解磷、解钾的作用，肥效长，施加赛安有机肥后土壤能够保持长效肥力，保证上海青口感清脆、色泽亮丽、营养价值提高。

典范产品2：砀山酥梨

在砀山酥梨的种植中，施肥应以基肥为主，基肥用量是“斤果斤肥”的标准，有机肥施量为总产量的3%。施加的赛安有机肥中不仅含有梨树生长所需要的各种营养元素，而且可以改良土壤的结构，增加土壤的养分缓冲能力，增加土壤的保水能力，改善土壤的通气状况，降低土壤的根系生长阻力，有利于梨树的生长发育。追肥的施用时期因树势的不同有一定的差异，一般在萌芽前、花期、果实膨大期进行。

施有机肥的砀山梨叶色浓绿、叶片肥厚，梨的长势良好，产量显著提高，较仅施无机肥的砀山梨产量提高39.26%；有机肥还改善了土壤结构，培肥地力，增强梨园的可持续生产能力。

联系人	李强利	联系电话	18721991800
传　　真	/	电子邮箱	/
通信地址	上海市青浦区华新镇陆象村210号	网　　址	/

上海赛安环境科技有限公司

一、单位概况

上海赛安环境科技有限公司注册资金 5 000 万元，是一家集处理湿垃圾（厨余垃圾、餐厨垃圾、生活垃圾）设备技术研发、生产、销售、运维，以及有机肥生产、销售为一体的综合型高新技术企业。公司在湿垃圾减量化、无害化、资源快速再生领域技术达到国内领先、国外先进水平。已自主研发申请及拥有湿垃圾资源再生工艺设备、叶绿素污水治理、物料除盐技术以及污水净化处理、有害气体治理方面的多项发明及实用新型专利，设备已应用于村镇、农贸批发市场、城市大型湿垃圾快速资源化再生项目，产出的有机肥有机质含量高，对土壤治理、修复，化肥减量增效有着积极的作用。公司获评湿垃圾转有机肥领域唯一一家全国生态环保优质农业投入品（肥料）生产及应用双试点单位。

二、纳入典范产品特征介绍

典范产品1：上海青

前期有机水肥调理土壤。上海青喜欢在渗水性良好的富含有机质的肥沃土壤中生长，播种前在土壤里施加少量的赛安有机肥溶液效果最佳。

多次施肥减少虫害。在上海青生长的整个过程中关键在于多次施肥，主要以赛安 Airfree 有机肥为主，根据上海青的生长情况来进行适量施肥，当上海青叶子发黄的时候要及时施肥。施加有机肥能够调理酸化土壤，提高肥料利用率，净化土壤杂菌，减少病害，大幅减少农药用量。

提高上海青抗逆性。上海青生长过程中多次施有机肥，能够克服重茬障碍，提高上海青作物抗病、抗旱、抗涝等抗逆性。

提高上海青品质。使用有机肥种植上海青，能改善其生物学性状，提高株高、SPAD 值、叶片数、地上部鲜重，从而提高产量，增产率约为15.4%。处理和对照之间差异极显著（$P=0.0007$，<0.05）。增加单株叶数和单株重，增加根系活力。

改善土壤结构。有机肥有解磷、解钾的作用，肥效长，施加赛安有机肥后土壤能够保持长效肥力，保证上海青口感清脆、色泽亮丽、营养价值提高。

典范产品2：水稻

水稻的种植，秧田肥力的高低，是培育壮秧的关键。秧田地用赛安 Airfree 牌有机肥 30 ~ 40 千克撒于垡头，然后细耙，使土、肥混合均匀，整理后待播。播种前 1 ~ 2 天放水浸透床面，精细整地，达到泥烂、面平。待达到秧床水分下渗没有泥浆时耧平进行精细播种，播种时达到半籽入泥，不能撒籽不见籽，以防播种深浅不一，出苗不齐，播后用铁锨轻拍，使种子和泥面平。待覆盖的粪土不再潮湿时，再用 1 ∶ 2 的过筛腐熟粪土覆盖，粪土厚度 0.7 ~ 1 厘米。秧苗在抽高长出第一节稻茎的分蘖期，需要施肥，让稻苗成长得健壮，并促进日后结穗米质的饱满和数量。

有机肥含有生长素、维生素、胡敏酸和氨基酸等有机物质，对水稻营养生理和生物化学过程能起特殊作用，还能提供二氧化碳气体供水稻进行充分光合作用，得到的稻米颗粒饱满，软糯香甜。此外，赛安有机肥缓冲性大，可缓和土壤酸碱变化，减轻盐碱土壤对水稻的危害。

典范产品3：砀山酥梨

在砀山酥梨的种植中，施肥应以基肥为主，基肥用量是“斤果斤肥”的标准，有机肥施量为总产量的 3%。施加的赛安有机肥中不仅含有梨树生长所需要的各种营养元素，而且可以改良土壤的结构，增加土壤的养分缓冲能力，增加土壤的保水能力，改善土壤的通气状况，降低土壤的根系生长阻力，有利于梨树的生长发育。追肥的施用时期因树势的不同有一定的差异，一般在萌芽前、花期、果实膨大期进行。

施有机肥的砀山梨叶色浓绿、叶片肥厚，梨的长势良好，产量显著提高，较仅施无机肥的砀山梨产量提高 39.26%；有机肥还改善了土壤结构，培肥地力，增强梨园的可持续生产能力。

联系人	刘国雷	联系电话	15000860096
传　　真	021-57589329	电子邮箱	154114951@qq.com
通信地址	上海市普陀区祁连山南路2891弄105号6755室	网　　址	www.airfreenchina.com

江苏天象生物科技有限公司

一、单位概况

江苏天象生物科技有限公司成立于2010年3月，注册资金5 000万元，公司具有完备的法人资质，是国家级高新技术企业、江苏省民营科技型企业、江苏省科技型中小企业、江苏农业产业化龙头企业。公司主要从事土壤调理剂、微生物菌剂、生物有机肥、水溶肥等产品的研发、生产、销售和服务工作。

公司有完备的生产条件和管理体系，已通过ISO 9001质量管理体系认证、ISO 14001环境管理体系认证、1SO 45001职业健康安全管理体系认证、知识产权管理体系认证和售后服务体系认证。

公司注重科技创新，拥有省级企业技术中心研发平台，始终坚持产、学、研结合，与中国科学院南京土壤研究所、中国农业科学院农业资源与农业区划研究所、中国农业大学、南京农业大学、山东农业大学、江苏师范大学等科研院校强强联合，在土壤调理剂、微生物菌剂、生物有机肥、水溶肥等产品的研发等方面开展全面合作。

公司坚持“追求卓越，保护环境，服务农业”的发展理念，以一流的产品、一流的质量、一流的服务，回报社会。

二、纳入典范产品特征介绍

典范产品：水稻

江苏省响水县耕地质量提升安全利用治理水稻高产示范基地，示范面积13 900亩，于2019年5月16日按标准用量将天象微生物肥做底肥施用；7月28日，结合重金属土壤治理，按标准将天象土壤调理剂稀释后均匀喷施至稻田做追肥施用。

稻田连年种植，每年不但要从土壤中吸收走大量的氮、磷、钾和一定量的钙、镁、硫、铁等元素，而且还要吸收少量的氯、锌、锰、硼、铜、钼等微量元素。大量的多种营养元素被吸收，还有一部分被淋溶损失，仅靠无机肥料补充远远不能满足水稻生产需要，必须实行微生物肥、有机肥料和降重金属土壤调理剂配合施用。

施用天象微生物肥加天象土壤调理剂肥料，不仅可直接为水稻提供各种丰富的养分，而且还能在土壤微生物对有机物质的分解过程中，使一部分有机质起腐殖化作用，合成土壤腐殖质，这对改善土壤物理性和结构，增加土壤胶体的数量与品质，提高土壤保肥供肥能力方面有很大效果。此外，在有机质分解过程中还可以使水田土壤部分迟效性磷、钾活化，并产生各种促进水稻生长的生理活性物质，降低土壤重金属含量。

使用天象微生物肥加天象土壤调理剂的水稻前期生长稳健，根系发达，青枝蜡秆，重金属含量对照田大幅减轻。后期茎秆清秀健壮，抗倒伏能力增强，穗大、穗粒数多，直到收获期水稻的叶子仍是嫩绿色，仍旧可以为稻穗籽粒供给养分，使稻谷籽粒充实饱满，千粒重增加，产量提高。

在实收测产中，使用天象微生物肥加天象土壤调理剂的水稻结实率较对照提高 3.2 个百分点，示范基地示范点为 772.2 千克 / 亩，较对照增加 91.5 千克 / 亩，增产 13.4%。

联系人	朱本飞	联系电话	18952102788
传　　真	0516-81209595	电子邮箱	zhubenfei@163.com
通信地址	江苏省徐州市沛县经济开发区汉兴路西侧、天津路南侧	网　　址	www.txswkj.cn

浙江奇尔茶业有限公司

一、单位概况

浙江奇尔茶业有限公司于1998年成立，是一家专业从事茶叶生产加工销售并转型创意文化的茶业公司，为浙江省骨干农业龙头企业。

公司以“让人放心，给人品位”为理念，全面实施品牌战略，铸就“实”字企业文化。

奇尔牌金奖惠明茶，来自全国唯一的畲族自治县、华东地区唯一的少数民族自治县——景宁畲族自治县，这里青山绿水、空气清新，被称为天然氧吧。品质优异、难以仿造的特产金奖惠明茶，早在1915年在美国举办的巴拿马万国博览会荣获一等证书和金质奖章。公司有绿色食品认证的茶叶示范基地1 130余亩，坐落在高山环抱、山清水秀、云雾缭绕、海拔300 ~ 1 200米的山腰上，创新实施“种树引鸟吃虫、养羊控草肥土”生态模式，从源头保证奇尔茶的质量安全，筑牢品牌基础。

二、纳入典范产品特征介绍

典范产品1：白玉仙茶

白玉仙茶发迹于“中国畲乡”景宁畲族自治县惠明寺院后一株世间独有的千年孤本古白茶。此茶，春天，芽叶玉白剔透；夏天，粉红艳丽；深秋，回绿如常。

取料“一年三变”的神奇“仙茶”的玉白芽叶，以特殊的工艺加工而成，具有“玉质芽叶，亭亭玉立，特别鲜爽”的独特品质。

据专家检测，白玉仙茶有“三高”特色，即氨基酸高、花青素高、茶黄素高，能增强记忆力、清除自由基、提高免疫力。陈宗懋院士更是给予其“绿茶之明珠，国茶之珍品”的美誉。

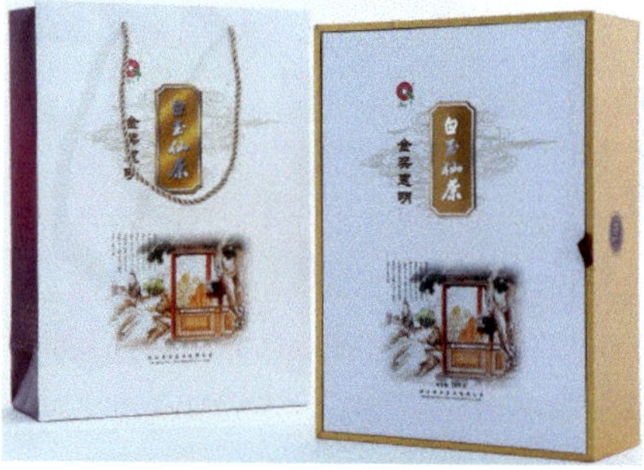

典范产品2：会友茶

会友茶取意于“以茶为媒，以茶会友”。

会友茶有3款，分别是白茶、红茶和绿茶。白茶是用仙茶顶端白芽为原料制作，氨基酸高，对提高记忆力有好处，适合早上喝。绿茶是用绿茶的单芽为原料制作，以其“既漂亮、更好喝、还耐泡”的特色深受茶友喜爱，特别适合下午喝，提神更有干劲。红茶是用仙茶红变的单芽为原料制作，真正是“红叶做红茶”，它花青素含量高、抗氧化强，有暖胃之功效，适合晚上品饮。

典范产品3：金玉仙茶

金玉仙茶取料于“一年三变”的神奇“仙茶”之夏季粉红芽叶，以创新的红茶加工工艺而成。具有“红茶本色，仙气神韵，鲜爽甘醇”的独特品质。此茶花青素、茶黄素含量高，抗氧化强，具有美容养颜、暖胃之功效。

联系人	谢丽菁	联系电话	15925749616
传　　真	0578-5088972	电子邮箱	zjqecy72@163.com
通信地址	浙江省丽水市景宁畲族自治县团结西路102号	网　　址	72tea.taobao.com

鹤壁市禾盛生物科技有限公司

一、单位概况

鹤壁市禾盛生物科技有限公司以发展无公害农产品种植与生态养殖为切入点，把发展无公害农产品与生态循环农业建设相结合，利用工程技术中心研究出的新产品和种植新技术在土壤净化修复调理、土壤土传病害防控、种植新技术推广和农作物病虫害防治方面进行研究和技术推广。公司研制开发的HB微生物菌剂系列产品，分别应用于国家面源污染治理、秸秆综合利用、土壤生态修复、烟草种植、蔬菜种植、畜禽养殖、环保等多个行业。

公司宗旨：立足农业、保护环境。目前公司主要致力于微生物技术、有机肥生产设备的开发和应用，业务主要涉及农用微生物菌剂、生物有机肥料、液体生物肥料、有机肥生产设备等领域。公司业务在全国多个省份建立了完善的营销网络，相关产品已遍布国内各省和地区，为当地农业生产的有机化、生态化作出了持续贡献。

二、纳入典范产品特征介绍

典范产品1：萝卜

本产品形态端正，表皮细嫩光滑；大小均匀，色泽一致；肉质淡绿色，皮薄肉嫩，质脆微甜。

与同类产品的参照相比，本产品单根重、纵径、横径更高；可溶性固形物含量、还原糖含量、水分含量更高，纤维含量降低，口感更好；维生素C、钾、磷、钙、铁、镁、锰含量更高，营养更丰富，风味更佳。

典范产品2：白菜

本产品大小均匀，新鲜有光泽；包心坚实紧密，菜质细嫩，微带甘甜，纤维少，风味佳。

与同类产品的参照相比，本产品单根重、纵径、横径更高；水分含量更高，粗纤维含量降低，口感更好；蛋白质、维生素C、钾、磷、钙、铁、镁、锰含量提高，营养更丰富，风味更佳。

典范产品3：西兰花

本产品花球端正，大小均匀，色泽浓绿鲜艳；花茎细嫩，质地硬脆；烹饪后，肉质鲜美，清香爽口。

与同类产品的参照相比，本产品单球重、花球横径更高；水分含量更高，纤维含量降低，口感更好；蛋白质、维生素C、钾、磷、钙、铁、镁、锰、锌含量更高，营养更丰富，风味更佳。

联系人	程玉海	联系电话	15670052777
传　　真	0392-3361177	电子邮箱	15670052777@163.com
通信地址	河南省鹤壁市淇滨区华夏南路鹤壁日报社B座5楼	网　　址	www.hbswf.com

鹤壁佳禾生物科技有限公司

一、单位概况

鹤壁佳禾生物科技有限公司是一家集水溶肥料、配方肥料、有机肥料、微生物肥料的研发、生产、销售、服务为一体的新型肥料技术企业。

公司位于河南省鹤壁市，地理位置优越，交通便利，京广线、石武高铁、107国道穿境而过。公司占地总面积约2万平方米，经济实力雄厚，生产技术成熟，拥有一批专业工程师和技术人员，生产设备齐全，制造工艺严谨，检测手段完善，产品配方先进，配备有国际先进的全自动生产线和全套检测仪器，整个生产流程均为电脑控制。

公司秉承产品质量第一，用户信誉第一的宗旨，竭诚为广大客户提供优质产品和服务。鹤壁佳禾生物科技有限公司愿与海内外各界朋友真诚合作，共铸辉煌！诚邀有志之士加盟！

二、纳入典范产品特征介绍

典范产品1：萝卜

本公司相关产品在多个地点开展了萝卜田间应用试点，实施“统一供种、统一技术规范”管理，目前进展良好。

一是试点品萝卜生长过程中根系发达，茎秆粗壮，叶片浓绿，肥厚挺拔，苗期苗壮抗性强，萝卜生长匀称，一致性好。

二是试点萝卜长势旺盛，萝卜块根有显著增产作用，产量提高15%以上。

三是应用试点萝卜对常见病害防治效果可达80%以上，大幅减少了防病成本。如萝卜根肿病防治效果为80%，防效持续时间较长，表现了良好防治效果。

四是应用产品中萝卜内在和外在品质好，块根饱满、均匀，上光上色，外观吸引顾客，且食用口感较好。

典范产品2：白菜

本公司相关产品在多个地点开展了白菜田间应用试点，目前进展良好。

一是试点品种白菜生长过程中植株生长健壮、叶色嫩黄、肥厚鲜亮，白菜叶绿素含量显著提高，光合作用提高。强劲的肥料后效应，延长收获期，使白菜产量提高16%以上，节本增效优势明显。

二是提高了白菜内在和外在品质，提高了叶球紧实度，提高维生素C和可溶性固形物（糖分），提高其营养价值，显著降低了粗纤维和硝酸盐含量，改善口感和风味。

三是应用试点白菜防病效果显著，其发病率均降低，病情指数下降，大白菜霜霉病、软腐病和根肿病的危害有效降低，大幅减少了防病成本。

四是试点的产品对环境生产无不良影响。改良了土壤结构，降低了病虫害发生，促进了生物多样性。

典范产品3：西兰花

本公司相关产品在多个地点开展了西蓝花田间应用试点，目前进展良好。

一是试点品种西兰花生长过程中长势旺盛、茎秆粗壮、根系发达，抗病、抗重茬、抗旱、抗寒、抗倒伏能力提高，授粉坐果率提高，产量和收益较常规施肥也具有显著提高，产量提高10%以上。

二是西兰花的外观商品性和有机品质得到明显提升，球色深绿，花球呈高拱形，中粒紧实，花球中维生素C及提高粗蛋白含量提高，NO^{-2}含量降低。

三是应用试点西兰花细菌性、真菌性病害大大降低，农药使用量减少，西兰花菌核病的病害降低，黑腐病、软腐病等发病率及病情指数下降，减少了防病成本。

四是试点的产品对环境生产无不良影响，改良了土壤结构，促进了生物多样性。

联系人	闫玉芹	联系电话	15803921193
传　　真	0392-3356588	电子邮箱	2984836762@qq.com
通信地址	河南省鹤壁市山城区石林镇东马村村东	网　　址	www.hbjhsw.net

荆州市科润现代农业技术推广服务专业合作社

一、单位概况

荆州市科润现代农业技术推广服务专业合作社是一家围绕现代农业发展，以设施农业创新、优良苗木繁育、配套栽培技术研发和服务、生态旅游休闲采摘、绿色高效种植示范、科技培训、优质农产品市场开发为主题的产、学、研合作创新的田园综合示范基地。

公司位于荆州市城郊江南新区，依托邻城（与古荆州隔江相望）、临水（长江黄金水道）、佳果（十万亩葡萄产业园）的独特优势，结合长江绿色生态经济带建设，打造以江南水乡、葡萄特色的生态旅游休闲特色小镇，建设江南特色的山水清幽宁静、植被葱郁、景观优美、生态环境良好的宜居宜业田园综合体。已初步建成以葡萄为特色，以其他蔬菜瓜果为辅的集采摘、旅游、休闲、观光和科技种植示范为一体的现代农业示范园。

合作社生产的“晶凉田”品牌葡萄获国家绿色认证，成为国家地理标识保护产品，获评全国优质鲜食葡萄评比金奖、湖北省农民合作社百佳品牌葡萄优质产品。合作社被授予湖北省示范合作社称号。

二、纳入典范产品特征介绍

典范产品1：葡萄

合作社专业种植葡萄已有 20 余年的经历，长期偏施无机肥料，产品品质受到极大影响。5 年前开始，合作社葡萄园改为增施生物有机肥和有机无机复混肥。特别是自 2017 年以来，在农艺专家的指导下，启用中农科达（湖北）农业发展有限公司生产的接丰牌生物有机肥作底肥（越冬肥）、有机无机复混肥作追肥，减少无机复合肥的施用量，致使葡萄园地力大大提升，葡萄生长环境极大改善，葡萄产量由原来的 2 000 千克 / 亩，增加到 2 600 千克 / 亩。葡萄含糖量显著提高，果实饱满，果粉、果皮蜡质浓厚，色泽鲜艳亮丽，口感好，货架期明显延长。2018 年，在第二十四届全国优质鲜食葡萄评比中，“晶凉甜”葡萄获得金奖。2019 年，中国绿色食品发展中心认证其为绿色食品 A 级产品，产品编号：LB-18-19051703668A，核准年产量 9 600 吨许可使用绿色食品标志。2020 年，在全国优质阳光玫瑰葡萄品质评选中“晶凉甜”葡萄获得优质奖。

联系人	王德怀	联系电话	13387203560
传　　真	/	电子邮箱	14314781@qq.com
通信地址	湖北省荆州市公安县斗湖堤镇平安路	网　　址	/

公安县鑫盛农贸超市有限公司

一、单位概况

公安县鑫盛农贸超市有限公司成立于 2017 年 11 月，注册资本 1 000 万元，基地位于公安县章庄铺镇欣荣村，主要从事粮食、食用油料的种植、加工、收储、销售以及蔬菜、水果、水产品的种植养殖及销售。公司本着“用绿色理念铺就金色未来”的企业精神，树立了科技为先导、质量为保证、强企为目标、富民为根本的经营理念，采用“公司 + 基地 + 农户 + 市场”的经营模式。现有自有基地种植面积 10 530 亩，订单面积 12 000 余亩，现有葡萄设施栽培面积 120 亩，由 30 多个连栋大棚组成，单棚跨度 6 米，肩高 2.5 米，顶高 4.1 米。现有阳光玫瑰、东方蓝宝石、浪漫红颜、妮娜女皇等 15 个品种。种植模式有葡萄青蛙种养模式、葡萄黄鳝种养模式、葡萄瓜果种养模式、葡萄药材种养模式等。栽培架势主要有“H”形、双“H”形、“T”形、“V”形水平架等。

二、纳入典范产品特征介绍

典范产品1：阳光玫瑰葡萄

阳光玫瑰原产日本（欧美种），别名夏音马斯卡特、亮光玫瑰。果穗圆锥形或圆柱形，穗重500～800克，果粒长椭圆形，粒重8～10克，精细栽培粒重15～18克，果皮绿黄色，果肉脆硬，有浓郁的玫瑰香味，可溶性固形物含量18%～20%，品质极佳。成熟期为8月。

典范产品2：浪漫红颜葡萄

浪漫红颜原产美国（欧亚种）。果穗圆锥形，穗重约 750 克，最大穗重 1 600 克，果粒整齐紧凑、椭圆稍长形、颜色鲜红透亮，果霜鲜艳，单粒重 8 克以上，可溶性固形物含量 20% ～

25%，果肉红黄色，肉质硬脆，能切片，可鲜食又可制干。成熟期为 7 月中旬。

典范产品3：甜蜜蓝宝石葡萄

甜蜜蓝宝石原产美国（欧亚种），国外名称为月亮之泪。天然无核，果穗较大，穗重 2 ~ 3 千克，果粒长柱形，粒长 5.5 厘米，平均粒重 7.7 克，大粒重 10 克以上，果粒大小均匀一致，果顶凹陷，粒形美观，果肉脆蓝黑色，果皮薄，可溶性固形物含量 19% 以上。成熟期为 8 月下旬。

联系人	董黎明	联系电话	13886569532
传　　真	/	电子邮箱	16377266@qq.com
通信地址	湖北省荆州市公安县章庄铺镇欣荣村五组	网　　址	/

湖北荆州市丹宇米业有限公司

一、单位概况

荆州市丹宁米业有限公司于2008年12月成立，为个人独资民营企业，注册资本3 500万元，总资产14 080万元，其中，固定资产5 556万元。注册地址在公安县闸口镇双潭村207国道旁，占地面积85亩，建筑面积36 800平方米。现有精米加工生产线2条，日加工能力300吨，年生产加工能力10万吨；粮食产后服务中心1座，日处理粮食能力700吨；标准化高大平房仓5栋，仓容3万吨。

公司是一家以订单水稻种植、粮食仓储、收购、加工、销售为主营业务的民营企业，现有固定员工30人，大专以上学历4人，有专业技术职称人员6人。

公司2011年被认定为省级农业产业化重点龙头企业；同年生产的中华红香软米被中国绿色食品发展中心认定为中国绿色食品；2016年至今被湖北省粮食局认定为湖北省省级成品动态储备粮收储单位；2017年被评为全国放心粮油示范加工企业；2018年被县政府认定为中国好粮油示范企业。2018年公司和公安国储库强强联手打造了芦花荡优质大米品牌，目前该品牌已成为家喻户晓的大米知名品牌。

二、纳入典范产品特征介绍

典范产品：水稻

公司2008年以来开始水稻种植加工，在水稻种植上发现，由于长期偏施无机肥料，水稻产量下降，品质也受到极大影响，导致产品质量低劣，销售市场萎缩。于是公司于2017年开始在农技部门专家的指导下，开始施用中农科达（湖北）农业发展有限公司生产的有机无机复混肥和生物有机肥，翌年水稻产量由原来630千克/亩增至750千克/亩，水稻在生长期不疯长，分蘖整齐，茎秆结实不倒伏，谷粒饱满，千粒重高，出米率高，米质好，香味浓，品感极佳。公安县被确定为湖北省优质稻生产基地后，公司属定点收购加工单位，主推“鄂香二号”优质稻，继续采用中农科达（湖北）农业发展有限公司生产的接丰牌有机肥、生物有机肥改良土壤，用接丰牌有机无机复混肥作水稻底肥，不仅保证了水稻产量，更提高了精米率。

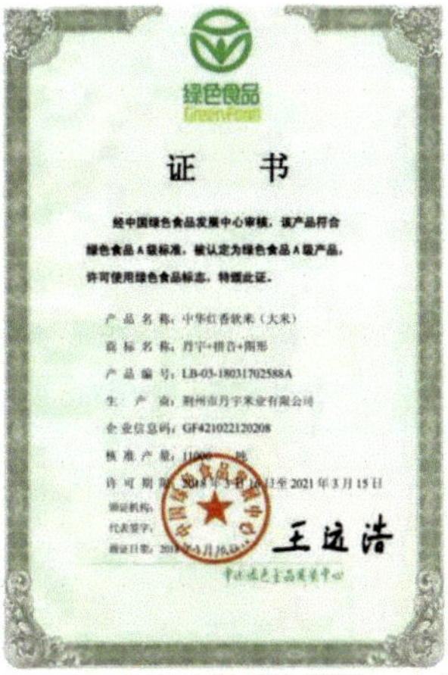

联系人	王德怀	联系电话	13387203560
传　　真	/	电子邮箱	14314781@qq.com
通信地址	湖北省荆州市公安县斗湖堤镇平安路	网　　址	/

清镇红枫山韵茶场有限公司

一、单位概况

贵州清镇红枫山韵茶场有限公司位于清镇市美丽的红枫湖畔。境内山峦起伏，苍绿葱翠，交通便利，气候凉爽，平均海拔约 1 250 米，土壤多为酸性黄壤，土层深厚，透水透气性较好，为茶树生长提供了得天独厚的条件，近年来，茶场采取公司加农户的模式在红枫湖镇刘关堡、右七、簸箩等村发展种植无性系良种茶园近 3 000 亩，其中，部分生态观光型茶园已通过有机茶园认证。

二、纳入典范产品特征介绍

典范产品1：山韵雀舌

山韵雀舌采用清明节前后 15 天左右从良种茶树上采下的优质单芽为原料，经过清洁化加工工艺精心制作而成。外形扁平挺直，色泽绿润光滑，汤色清澈明亮，滋味清纯淡雅，香气清新悠长，常饮健脑益思，实为居家旅游之佳品。

典范产品2：黔山红

黔山红红茶系采用一芽二叶初展鲜叶为原料，在继承传统工夫红茶加工工艺的基础上，辅以现代加工技术精心制作而成，其外形色泽乌黑油润，条索俊秀如眉，汤色红艳明亮，口感温顺滑润，香气芬芳馥郁，韵味和谐自然。

典范产品3：山韵老白茶

山韵老白茶采用夏秋季从良种茶树上采下的优质一芽二叶为原料，经过清洁化加工工艺精心制作而成。外形自然卷曲，色泽油润显毫，汤色杏黄明亮，滋味清纯淡雅，香气毫香显露，有“一年茶、三年药、七年宝”之美称，实为居家旅游之佳品。

联系人	张卫民	联系电话	13985043960
传　　真	/	电子邮箱	1072184239
通信地址	贵州省贵阳市南明区花果园太升茶叶市场三期A3号	网　　址	/

西安市临潼区果友石榴专业合作社

一、单位概况

西安市临潼区果友石榴专业合作社成立于2007年，现有石榴生产基地200余亩、30吨石榴保鲜库1座、社员28名、企业单位会员1个、技术人员8名。

合作社积极组织技术人员编辑资料，深入园间地头，先后开展技术指导、示范操作20余期，不断提升社员、果农业务素质。设立了果品内检员，督促社员做好果品生产日志，安全使用农资投入品，选育了临潼石榴净皮甜等石榴良种。获得了临潼石榴“盛世御果·丝路飘香”公用品牌使用授权，是中国重要农业文化遗产临潼石榴种植系统保护和传承示范单位、临潼石榴生产示范基地、临潼石榴地理标志农产品保护工程示范项目单位。注册了“临优”商标，开发了专有石榴礼品包装4种；先后获最受欢迎奖、中国名优果品金质奖荣誉；建立了石榴果品质量追溯体系，通过了国家绿色食品认证；通过无公害产品认证，构建了“零售+网络”的销售体系。

典范产品：石榴

临优石榴获评2008年陕西旅游商品博览会最受欢迎奖，2009年在全国名优果品（西安）展评会上获评中国名优果品金质奖。2016年通过无公害产地认证，2017年通过无公害产品认证。2019年申请了绿色果品基地认定、绿色果品认证，严格按照《绿色食品生产基地管理制度》《绿色食品相关准则》制定管理办法、成立基地管理办公室，负责绿色食品生产计划的制订和监督实施、生产技术的指导和培训、农产品收购和销售、生产资料的供应等服务体系的建立和完善，以及监督绿色食品生产操作规程的实施。基地管理办公室内设有1名绿色食品生产技术管理人员，承担相应的生产技术工作。技术管理员必须接受过有关绿色食品知识的培训，熟悉绿色食品生产要求和标准，经考核合格，取得合格证书，方能上岗。基地中直接从事绿色食品生产的人员，上岗前进行绿色食品生产技术有关知识的培训，以保证自觉地接受技术指导，按要求生产绿色食品。绿色食品基地设立内检员，负责本基地

条件的认证、技术推广员的培训、考核以及各项技术、管理措施的确认和监督。基地设立绿色食品生产地块展示牌，记载如下事项：绿色食品基地名称；基地负责人姓名、基地地址；生产基地的编号、规模；使用绿色食品生产方法的时间等。基地要建立生产管理记录，收获结束，尽快将记录交给基地管理办公室。基地绿色食品的销售应做好记录，并定期提交专管机构。生产技术管理人员应加强对农药、肥料等生产资料的管理，做到统一购置和供应，农药、肥料应设立专门储藏库，并作详细记录。基地要接受当地绿色食品管理机构管理和监督。基地生产者负责绿色食品的各项记录和签名，对其负责档案材料应完整保 3 年以上。合作社紧贴消费市场，合理设计果品包装，坚持一盒一品。建设了销售淘宝网店，与京东快递公司、邮政快递，签订协议，积极构建“零售 + 网络”的销售体系。按照市场行情，以高于 0.4 ~ 0.6 元 / 千克的价格，收购社员优质果品。2019 年，合作社销售石榴 60 余吨，销售收入 80 余万元。

联系人	房浩	联系电话	17782598444
传　　真	/	电子邮箱	1021832695@qq.com
通信地址	/	网　　址	/

西安市临潼区榴苑农业发展有限公司

一、单位概况

西安市临潼区榴苑农业发展有限公司成立于2020年，注册资本1 000万元，下辖丰乐石榴种植专业合作社。合作社成立于2016年5月，位于临潼区骊山办胡王村岳西组，现有果园210亩，主要种植临潼净皮甜、骊山红等优质石榴品种，近年来受到社会各界一致好评。合作社致力优质苗木培育、优质果品种植、石榴品种优化与石榴种植技术推广，坚持科技引领，积极发展石榴种植和育苗产业，全力促进石榴产业发展，带领合作社社员共同致富，取得了一定成绩。2015年西安市时令水果评优活动中，合作社得到了与会专家一致好评，获“石榴·红了”金奖，2017年、2018年连续被西安市科技局评为西安市农业科技示范户，2018年成功注册泽榴榴商标。2019年合作社的石榴被中国绿色食品发展中心认定为绿色食品A级产品。2020年9月，在陕西省石榴产业技术体系启动暨2020年体系建设工作会上，合作社被确定为陕西省10个试验示范基地之一并进行了授牌。2020年10月，在西安市石榴评优大赛中，合作社主推的骊山红石榴被评为金奖石榴，合作社石榴园被临潼区委农办和西安市临潼区农业农村局评选为临潼石榴现代标准示范园。泽榴榴品牌获第二十七届杨凌农高会后稷奖，2020年11月被农业农村部确认为全国农产品安全与营养健康科普生产经营主题，2020年获中国第十八届国际农副产品交易会最受欢迎农产品奖。

典范产品：石榴

骊山红石榴品种，该品种果实个大，平均单果重500克，最大750克。果实近圆形或扁圆形，果面光洁，呈鲜红色，外形美观，果实皮薄，籽粒鲜红、透明、粒大肉厚，核半软，平均百粒重54克，汁多、味甜微酸，含可溶性固形物17% ~ 19%，维生素C含量每百克含11毫克，含糖量达19.1%，并含有多种其他维生素及微量元素，口感好，品质上等，风味极佳。国庆节成熟，耐储运。公司将继续做好石榴标准化种植管理工作，确保优质石榴品种纯度和果实优良性，致力新品种培育，充分利用临潼石榴基因库和古树石榴的优势，推动专业研发工作，目前已完成石榴新品种培育100亩。

首先将果园剪枝下后的秸秆、残次果，加入就近就地购买菜籽油加工后的废料、淀粉加工原料玉米精选后的废料及鸡粪、牛粪等物料，进行集中堆放，再加入一定比例的菌种，混合搅拌均匀，垛式堆放发酵。堆放高度不大于1米，宽度不大于3米，堆放时间在10 ~ 50小时（根据季节及室外温度），堆肥温度控制在70℃以下。进行翻转搅拌，使料堆发酵，温度升至50 ~ 65℃，有利于好氧微生物发挥作用，消除物料中的寄生虫卵、病原菌和杂草种子，基本实现无害化，完成有机质的降解，生成腐殖质、氨基酸等比较稳定的有机物质。发酵及后处理：二次堆肥至2米高，时间5 ~ 7小时，使有机质完全降解，生成稳定腐植质。

运输施肥：在石榴园果行内开沟，将堆沤后的有机肥通过装载、运输至果园，施用于石榴田，达到有机生产的目的。

在 100 亩种植区域内，分别在有机肥施肥区追施已培育好的有机质，并在对照区域内追施普通化肥，并在相同的气候条件下，通过互联网传感器监测土壤湿度及光照等自然环境，确保有机区域和对照区域的土壤湿度和温度的差异化为最小值，并实时记录在不同成长阶段两个区域内的农事作业档案，并用视频影像记录农事作业中施肥及浇水等日常的作业细节；在石榴种植的关键节点，比如花果疏、剪枝和病虫害防治等农事作业中，通过比对有机种植区域和对照区树干及枝的微观变化，并实时记录。在石榴成熟季节，监测有机施肥区域和对照区域石榴果实变化数据及成长快慢等，从而比对出不同区域内石榴成长档案，通过最终检测，评测有机施肥区域内的石榴是否已经符合绿色石榴的标准，并用记录的各种成长过程中监测数据整理出在不同关键生长节点的符合绿色生产的重要生产技术标准及影响整个过程的自然因素等。将所有物联网及视频监测系统与农产品质量安全追溯系统对接，不但在后台可以进行监看，也可在手机 App 上实时监测。消费者扫追溯二维码可以查看到石榴生长的所有自然环境数据、生产要点数据等，从而提升产品信息化程度，增强品牌溢价值，带动周边绿色生产覆盖。

联系人	岳丰乐	联系电话	15091288865
传　　真	029-83426570	电子邮箱	www.5170541311@qq.com
通信地址	/	网　　址	/

西安市阎良区飞宇果蔬专业合作社

一、单位概况

西安市阎良区飞宇果蔬专业合作社成立于 2013 年 10 月，位于阎良区武屯镇御东村。现有社员 63 名、新型职业农民 10 名。合作社主要从事设施瓜菜生产销售工作，同时为社员开展技术培训和服务。合作社在武屯镇御东村建成占地 230 亩的标准化设施种植园，其中建设日光温室 30 亩、钢架大棚 200 亩。目前，园区已续建 20 米跨度大棚 3 栋、综合服务中心 2 000 平方米。园区建设以来，多棚型展示、标准化生产、集约化销售，在当地群众中取得良好反响，有力地带动了当地设施瓜菜产业发展。2015 年水果蔬菜商标注册“御東”牌。2017 年荣获杨凌农高会甜瓜后稷奖。2019 年获得甜瓜瓜王评比活动三等奖，并申请了无公害、绿色认证。2020 年被授予个人阎良甜瓜“最美瓜农”荣誉称号，获阎良区特色农业擂台赛三等奖，获“十佳菜篮子”荣誉称号。合作社积极对阎良区对口帮扶镇巴县进行帮扶，与当地合作社结成帮扶对子，促进当地优质扶贫农产品的产销，有力推动当地贫困户的脱贫致富，脱贫攻坚获得省农产品质量安全中心表彰奖励。

二、纳入典范产品特征介绍

典范产品1：小籽全无敌甜瓜

合作社种植的小籽全无敌甜瓜呈圆球形，平均单果重 807 克，果皮乳白色，果肉白色，肉厚腔小，果肉细腻，肉汁脆蜜，成熟期早，皮厚耐储运，货架期长，内含成分独特，突出特点为含糖度高。

典范产品2：普罗旺斯西红柿

种植过程中采用天然羊粪加入 EM 菌剂进行腐熟后作为基肥，中微量元素（含有钙、镁、锌、铁、硼）20 千克 / 亩进行施肥，提高土壤有机质含量，同时有效调节土壤 pH 值，改善了土壤的碱性环境。通过这样的施肥方法，有效地改善了土壤结构，消除了土壤板结，提高了肥料的利用率，减少了化肥的投入量。前期冲施黄腐酸 2 千克 / 亩，冲施 2 次；中期滴灌 18-18-18 平衡复合肥 10 千克 / 亩，冲施 3 次；后期主要以 18-8-40 高钾型复合肥 10 ~ 15 千克 / 亩，冲施 2 次，提高果品商品率，使其口感好。

联系人	张建宁	联系电话	13892873231
传　　真	/	电子邮箱	297507903@qq.com
通信地址	陕西省西安市阎良区武屯街道办御东村中合组	网　　址	/

西安市高陵区鸿盛源种植农民专业合作社

一、单位概况

鸿盛源种植农民专业合作社成立于2014年，注册资本300万元，位于西安市高陵区张卜镇韩家村，现有社员60人，聘请农业技术专家2名，采用“合作社＋农户”的发展模式，以优质葡萄的生产销售为主，带动农户共同发展，葡萄生产基地被认定为西安市鸿盛源现代农业园区，是高陵青年创业创新示范基地、西安市巾帼创业就业示范基地，葡萄产品获得了优质产品奖和后稷奖，合作社获得了西安市农民合作社优秀示范社称号。

合作社经营范围包括：葡萄种植、销售；为本社社员采购、供应所需的农业资料；引进新技术、新品种；开展技术培训、技术交流及信息咨询服务。合作社以葡萄为主业，占90%，占地320亩，已种植葡萄300亩，其中120亩为大棚葡萄，2020年实现产值160万元，社员人年均收入36 400元。合作社注册了“葡萄姐姐”商标，通过无公害产品认证，建立了农产品快速检测室，配备了专业配送车辆，全程确保葡萄品质一流。合作社采用绿色葡萄生产技术、大棚葡萄种植技术及生态栽培技术等先进生产技术，生产的葡萄品质优良、口味酸甜、果肉丰富，深得市场和消费者青睐，园区生产的户太八号和红巴拉多葡萄在西安葡萄评优大赛中连年（2016—2020年）获得优质产品奖。

二、纳入典范产品特征介绍

典范产品：葡萄

合作社在生产全过程中严格按照绿色食品标准执行，在葡萄种植的过程中采用青藏高原天然羊粪、生物有机肥、油渣、自制酵素渣合理使用，建立农产品生产记录档案（包括除草、灌溉、施肥、用药、检测、采摘、销售）。园区内悬挂生物科技粘虫板，减少农药的使用，实行一串一追溯、一箱一追溯、一车一追溯，确保投放市场的每一串葡萄都达到绿色食品要求。户太八号葡萄颗粒大，近圆形，紫黑色或紫红色，酸甜可口，果粉厚，果皮与果肉易分离，果肉细脆，糖度高。阳光玫瑰葡萄香味浓郁，玫瑰香中混合着适量的桂花香，口感好，脆而多汁，糖度高。

联系人	牛冬利	联系电话	13892835000
传　　真	029-86079616	电子邮箱	1243100140@qq.com
通信地址	陕西省西安市高陵区张卜街办韩家村十组葡萄产业园	网　　址	/

西安鹏杰农业发展有限公司

一、单位概况

西安鹏杰农业发展有限公司成立于 2014 年，占地 300 余亩，注册资本 300 万元，注册商标“珍果工坊”。拥有农业中级职称技术人员 3 人、初级职称技术人员 5 人，聘请农业技术专家 3 人，还有长期从事农业工作人员 60 余人，主要从事设施草莓的生产销售及产地观光采摘的开发，现有设施果蔬生产大棚及连栋温室覆盖面积 200 余亩。

公司从成立起，专注草莓的种植与培育，通过了无公害产品认证，建立了农产品快速检测室。2018 年，公司生产的草莓获西安首届农民节精品草莓擂台赛银奖，消费者对草莓的品质反馈极好。

公司树立了科学发展观，始终坚持以“绿色、环保、生态”及“科技创新”为理念，着力发展现代特色农业，优化新型农业产业结构，严格实行专业化管理与企业多元化共同发展。

珍果工坊是西安鹏杰农业发展有限公司旗下新鲜健康水果系列，以打造绿色种植营销理念为己任，发挥品牌化优势，做农产品产销领导者。

二、纳入典范产品特征介绍

典范产品：清香草莓

清香草莓是奶油草莓的一种，是目前较好的草莓品种之一，香味浓郁独特。果形近似心形，果肉软多汁、味甜，耐存储，具有非常高的营养和医疗价值，素有“水果皇后”的美誉。

公司在生产全过程中严格按照标准规范执行，底肥采用虫粪、生物有机肥、油渣混合使用，使有机质含量更高，确保出品草莓水灵可口。建立农产品生产记录档案（包括除草、灌溉、施肥、用药、检测、采摘、销售），使消费者放心购买。礼盒装每一盒有两托盘，每个托盘 12 个大果，每个果子重达 30 ~ 40 克，果形均匀，无异形，无损伤，成熟度为九成，确保消费者收到的颗颗都是精品。

联系人	邢晓杰	联系电话	13289272999
传　　真	/	电子邮箱	175244468@qq.com
通信地址	陕西省西安市高陵区鹿苑街办马家村5组	网　　址	/

西安天益美生态农业科技有限公司

一、单位概况

西安天益美生态农业科技有限公司位于鄠邑区甘河镇，依托得天独厚的自然和地理优势，专注于优质绿色农产品的生产经营，主要以发展生态循环农业为主导，建成集农产品生产、加工、销售、餐饮、休闲观光、科普教育为一体的特色鲜明、产品和功能多样的现代农业园区。现有园区面积 237 亩，其中葡萄种植 110 亩、猕猴桃种植 110 亩。

园区以生态循环农业为基础，以种植葡萄、猕猴桃、养殖肉牛为重点，通过“畜—沼—果”循环经济模式，实现畜禽粪便资源化利用和可持续发展。园区配有大型沼液发酵系统，为葡萄全生长周期提供优质能量，充分利用避雨设施和水肥一体化设施，以施用农家有机肥和绿肥为主，减少农药的使用，保证葡萄的品质。园区种植的户太八号葡萄于 2017 年、2020 年获得绿色食品证书，被授予户县葡萄农产品地理标志，注册了“鄠益美”商标。

二、纳入典范产品特征介绍

典范产品1：鄠益美户太八号葡萄

鄠益美户太八号特性：果穗整齐紧实，果粒大小适中均匀，每串葡萄控制在 0.5 千克左右，色泽鲜艳，果粉厚，肉质细腻，果香浓郁，口感上佳，含糖量高，微量元素丰富，营养价值高，抗病能力强，易存放，耐储运。

在葡萄的种植过程中正确合理施肥非常重要，园区施用肥料以沼肥和有机肥为主，沼肥在整个生产过程中都在使用，每亩 5 吨。有机肥主要作基肥和追肥使用，秋施基肥，突出“早、杂、多、变”，在时间上力求早，一般在果实收货后进行，最适宜时间为 9 月中上旬至 10 月底。以有机肥为主，混入适量的多元复合肥和菌肥。每亩施腐熟有机肥 3 000 千克。距树 40 ~ 60 厘米施入，施后浇水。在作物生长期间，有机肥做追肥施用，根据作物实际生长状况和土壤养分状况追施有机肥，为葡萄的生长提供营养，提升葡萄的口感和商品性。

通过绿色有机方式种植出的葡萄，果形美观、果香浓郁、口感上佳、风味独特，深受当地消费者欢迎。

典范产品2：鄠益美猕猴桃

猕猴桃特性：果实长圆柱形兼扁圆形，平均单果重95克，单果大小适中均匀，果型整齐；果皮呈褐色，被金黄色硬毛，果肉绿色，细腻多汁，风味香甜，果香浓郁、口感上佳；含有丰富的维生素C以及多种微量元素，营养价值高；抗病能力强，耐储运，货架期长，易存放。

猕猴桃施肥以有机肥（农家肥）为主，科学配比氮、磷、钾及中微量元素肥料和生物菌肥，减少化肥特别是氮肥的使用量。成龄果园亩施腐熟有机肥（厩肥、堆肥、绿肥、沤肥、沼肥、饼肥、秸秆、枝条等）3 000 ~ 5 000千克。将肥料均匀撒于全园地面，浅翻或旋耕10 ~ 15厘米深，为猕猴桃的生长提供营养，提升其口感和商品性。

联系人	汪航	联系电话	18009230001
传　　真	/	电子邮箱	2686459815@qq.com
通信地址	陕西省西安市鄠邑区甘河街道办108国道与神白路十字西南角	网　　址	/

西安毅朝种养殖业专业合作社

一、单位概况

西安毅朝种养殖业专业合作社位于鄠邑区蒋村镇白龙村，2010 年 8 月成立，注册资本 680 万元。现拥有会员 56 户，各项制度健全，管理规范。截至 2017 年年底，合作社总资产 1 800 多万元，其中固定资产 800 多万元，销售收入 500 万元，净利润 165.8 万元。

园区内已完成投资 900 多万元，已建成标准化葡萄示范园 400 亩，园区水、电、路等配套设施基本完备。园区目前主要示范户太八号葡萄标准化生产技术，塑料大棚、日光温室两种避雨设施栽培技术已经多年的试验，还引进晨香、甜蜜蓝宝石、蜜光、超级女皇等十几个葡萄新品种，开展新品种引进示范试验，初步总结出了一定的生产技术。园区聘请的葡萄专家免费为果农提供技术信息服务。园区与鄠邑区农技推广中心、西安市果技中心签订了技术合作协会，依托市区农技推广单位，每年举办农民技术、营销培训 1 000 人次。

二、纳入典范产品特征介绍

典范产品1：户太八号葡萄

户太八号葡萄香味浓郁，口感极好，果实含糖量一般可达 17% ~ 23%，由萌芽到成熟 120 天，户太八号一般粒重 12 ~ 18 克，穗重 600 ~ 800 克，亩产量控制到 1 500 千克以下。2017 年合作社种植的户太八号葡萄获得第二十三届全国葡萄学术研讨全国鲜食葡萄金奖，2019 年 8 月被中国葡萄产业年会评为金奖。

典范产品2：阳光玫瑰葡萄

阳光玫瑰葡萄口感浓郁，有玫瑰的清香味，具有抗衰老、抗动脉硬化、缓解疲劳、抗癌的作用。阳光玫瑰葡萄营养价值十分丰富，其中葡萄糖含量高达 20% ~ 30%，此外还含有大量的人体必需氨基酸。阳光玫瑰葡萄中含有大量的抗氧化物质，这类物质可以清除人体多余的氧自由基，起到延缓衰老作用。

典范产品3：甜蜜蓝宝石葡萄

甜蜜蓝宝石葡萄口感爽脆香甜，且无籽，形状独特，为长条形，有淡淡的玫瑰香味和奶香味，深受消费者喜爱。

联系人	张嘉伟	联系电话	18182680402
传　　真	/	电子邮箱	434458313@qq.com
通信地址	/	网　　址	/

西安丰园果业科技有限公司

一、单位概况

西安丰园果业科技有限公司专业从事杏、李、桃等果树种质资源收集、新品种选育研究和特色高档果品开发，现有试验、示范果园和种苗繁育圃 200 余亩，收集保存有杏李桃种质资源 300 多份，有 8 个果树新品种已通过省级审定（登记 / 认定），有 7 个获得国家“植物新品种权”授权保护。公司生产的杏果品连续 12 年获得国家绿色食品认证，已成为西安地区名牌产品。

公司是国家高新技术企业、国家科普惠农兴村先进单位，还是省、市级“农业科技专家大院”，是陕西省农业科技专家服务站、陕西省果业管理局授牌的西安李杏研究所、西安市农业产业化经营重点龙头企业、杏产业国家创新联盟理事单位、中国园艺学会李杏分会理事单位。

二、纳入典范产品特征介绍

典范产品1：丰园5号杏

丰园 5 号杏是公司最新育成的新品种，获得国家“植物新品种权”保护，在西安地区 6 月上旬成熟，品均单果重 91 克。果形圆正，果顶平，大小均匀；果面光滑，果皮橙黄；果肉黄，风味佳；核离，核小。

典范产品2：丰园红杏

丰园红杏已通过陕西省果树新品种审定和国家“植物新品种权”授权。西安地区 5 月中下旬成熟，平均单果重 78 克，最大单果重 157 克。果实底色橙黄，阳面浓红色；果肉橙黄，口感脆甜；离核、甜仁。

典范产品3：丰园晚蜜杏

丰园晚蜜杏是公司新育成品种，已获得“植物新品种权”保护。西安地区 6 月下旬成熟，是晚熟、加工、鲜食兼用型杏新品种。平均单果重 69 克，最大单果重 134 克；果皮底色黄，阳面红色；果肉橙黄色，肉质硬，耐储运；充分成熟后味浓甜，品质极佳；离核，仁苦。

联系人	杜燕群	联系电话	18991397585
传　　真	/	电子邮箱	fyfruit@126.com
通信地址	陕西省西安市鄠邑区将村镇郝家寨村	网　　址	www.fyxg.com

西安盛原葡萄科技有限公司

一、单位概况

西安盛原葡萄科技有限公司是一家专业从事葡萄的新品种、新栽培技术的引进、试验、示范及推广的农业科技型企业。公司在西安市灞桥区东南部的白鹿原上建设 560 亩葡萄标准化示范基地，公司以“绿色、安全、优质、高效”为发展理念，通过长期葡萄栽培技术的研究，引进和推广葡萄新优品种有户太八号、阳光玫瑰、浪漫红颜、理扎马特、摩尔多瓦、夏黑、美人指等 30 多个。2015 年园区生产的葡萄被认定为绿色食品 A 级产品，2016 年获评陕西省著名商标。园区生产的神鹿原牌夏黑葡萄荣获 2019 年中国葡萄产业科技年会鲜食葡萄评比大赛铂金奖，户太八号、白罗莎里奥荣获金奖。园区被认定为陕西省第四批省级现代农业园区、国家葡萄产业技术体系西安市综合示范基地。

二、纳入典范产品特征介绍

产品典范1：户太八号葡萄

公司的葡萄园基地地处白鹿原，原上土层深厚，海拔高，昼夜温差大，田地平坦，宜稼宜果。按照“四定一控”（按亩定树、按树定枝、按枝定穗、按穗定粒）和亩限产 1 000 千克的精品葡萄管理模式，通过实施花（果）穗整形、疏穗疏粒、果实套袋、避雨栽培、水肥一体化、果园生草、生物有机肥生产管理技术，以及绿色农产品病虫害综合防治技术，实现葡萄优质高效栽培的目标。生产的户太八号葡萄，穗形整齐一致，果穗圆锥形，单穗重 500 ~ 600 克，每穗果粒数 40 ~ 50 粒，果粒着生较紧密，果粒大，近圆形，单粒重 12 克以上，充分成熟果色泽紫黑色或黑红色，果粉厚，果皮中厚，果皮与果肉易分离，含糖量 17% 以上，可溶性固形物含量 17% 以上，口感酸甜可口。

产品典范2：阳光玫瑰葡萄

阳光玫瑰葡萄虽属欧美杂交种，但具有典型的欧亚种特性。果穗圆锥形，穗重 600 ~

800克，平均果粒重12～14克，果粒着生紧密，椭圆形，黄绿色，果面有光泽，果粉少。果肉鲜脆多汁，有独特的玫瑰香味，含糖量高，可溶性固形物20%左右，最高可达26%，鲜食品质极优。该品种挂果期长，成熟后可以在树上挂果长达2～3个月，不裂果，耐储运，无脱粒现象。

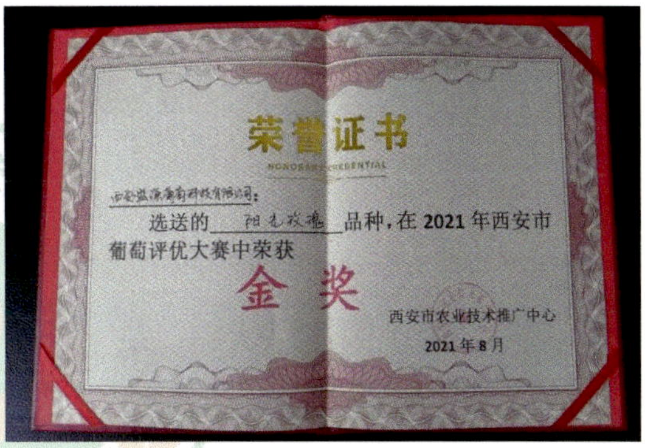
荣誉证书

选送的 阳光玫瑰 品种，在2021年西安市葡萄评优大赛中荣获

金 奖

西安市农业技术推广中心

2021年8月

产品典范3：夏黑葡萄

夏黑葡萄别名黑夏、夏黑无核，欧美杂交种，三倍体无核葡萄。果穗大小整齐，大多为圆锥形，单穗重450～500克，每穗果粒数50～60粒，果粒着生紧密或极紧密，果粒近圆形，单粒重8克左右，紫黑色或紫青色，着色一致，成熟一致。果皮厚而脆，果肉无涩味，果皮微酸涩，果粉厚，果肉硬脆，无肉囊，果汁紫红色。含糖量20%以上，鲜食品质上等，8月初充分成熟。

荣誉证书

你单位选送的 夏黑 品种，在2019年8月举办的中国葡萄产业科技年会鲜食葡萄评比大赛中荣获

铂金奖

特发此证。

联系人	姚一春	联系电话	15319725169
传　　真	029-83566090	电子邮箱	276780965@qq.com
通信地址	陕西省西安市灞桥区狄寨街办南枝白村村西葡萄主题公园	网　　址	/

西安市灞桥区成蹊家庭农场

一、单位概况

西安市灞桥区成蹊家庭农场位于白鹿原现代农业果业发展核心区，西安市灞桥区狄寨街办农安路中段，于2013年9月在灞桥区工商局正式注册，同年12月被西安市农业委员会授予西安市示范家庭农场称号，2015年6月被陕西省农业厅认定为首批省级示范家庭农场。已建成标准示范化葡萄、樱桃园区近百亩。目前有葡萄避雨棚20 000平方米，蓄水池400立方米，长廊4 000平方米。办公场所、包装车间、果品预冷库、农产品自检室、农资植保室、观光亭台、职业农民实训基地教室均已完成并投入试用。可视农场正在完善中。

农场本着高起点、高标准、严管理的理念，坚持守法经营，以质量信誉为首，以安全生产至上，财务管理规范，“玉盘珠樱”商标已通过国家商标局注册批准并投入使用，绿色认证正在积极筹备中。农场始终以“产高档精优果品，创优美生态环境”为宗旨，砥砺前行。

二、纳入典范产品特征介绍

典范产品1：葡萄

农场种植有户太八号、摩尔多瓦、夏黑、阳光玫瑰、金手指、蓝宝石等20余个葡萄新优品种。生产管理过程中，大量施入以农家肥为主物料发酵的生物菌肥，亩用量2～3吨，膨果期配备少量优质水溶肥。以风送式雾化机均匀喷洒生物制剂为主的植保产品，合理配置太阳能杀虫灯、粘虫板等物理手段防控病虫害。严格控制产量，亩产量1 200千克，同时引进多个特色新优品种，带给消费者视觉和口感上更缤纷的高品质体验。农场的果品多次在省市的评优评奖中获得新优品种奖、后稷奖、银奖等荣誉。

典范产品2：樱桃

农场种植的樱桃品种多样，有美早、红灯、布鲁克斯等10余个。在生产过程中，施入大量腐熟有机肥，配合少量优质水溶肥，疏松土壤，增加土壤有机质，增强树势保品质。果园生草、覆盖黑膜反光膜、树体涂白、水肥一体化和物理防控杀虫灯等技术贯穿整个环节。通过标准化的生产，精细化的管理，严格控制产量，保证果品自然完熟，生产出个大、色艳、味美的健康鲜果。农场的果品多次获西安市农林委樱桃评优大赛金奖、银奖、优质奖等。

联系人	陈传根	联系电话	13892850229
传　真	029-83562956	电子邮箱	2463711031@qq.com
通信地址	陕西省西安市灞桥区狄寨街办农安路中段	网　址	/

陕西致和生态园林观光有限公司

一、单位概况

陕西致和生态园林观光有限公司成立于 2012 年 5 月，园区占地 200 多亩，其中樱桃示范园 80 亩、草莓示范园 30 亩、极早熟葡萄示范园 30 亩、花卉苗木种植园 50 亩。公司与省市级多个教学、科研、技术推广单位在技术方面开展合作，被评为西安市农业产业化龙头企业、西安市市级园区，种植产品现已通过国家绿色食品、无公害农产品安全认证。

公司通过发展现代设施农业科技示范园，实施品牌战略，采取“公司 + 基地 + 农户 + 市场”的运作模式，辐射和带动周边农户走集约化、规模化、标准化发展的道路，实现产、供、销一条龙，以及贸、工、龙一体化经营。

公司遵循“高起点、高标准、高质量”的建设与运行原则，着力将园区打造为以绿色种植为主，集高效种植、观光采摘、餐饮娱乐、科普教育、生态展示为一体的农业休闲观光园。

二、纳入典范产品特征介绍

典范产品1：红灯樱桃

公司生产的红灯由大连市农业科学研究所于 1963 年以那翁、黄玉杂交培育。果实近球形，果个大小整齐，平均单果重 12.2 克，大果重 14.8 克。果皮紫红色，鲜艳有光泽。果肉肥厚，多汁，肉质较软，果实风味酸甜，可溶性固形物含量 17.6%，半离核，耐储运。

在红灯的生产过程中每年施 3 次肥。第一次在萌芽前，以有机肥（1 吨 / 亩）和速效肥（1 袋 / 亩）为主。第二次在果实采摘后（5 月）追肥，以速效钾肥为主（3 ～ 5 千克 / 株）。第三次在 10 月，以有机肥（农家肥）为主 1.5 ～ 2 吨 / 亩。

通过标准化、规模化种植，产出的果实果形美观，口感酸甜，老少皆宜，获国家绿色产品认定。

典范产品2：含香美人娇葡萄

公司生产的含香美人娇葡萄平均单果重 5 ～ 7 克，果穗为圆柱形，平均单穗重约为 500 克。成熟后果实为紫红色，色泽鲜艳诱人，具有浓郁的玫瑰香味。

含香美人娇葡萄在萌芽、开花、坐果过程中可追施大量水溶肥，以保证不同时期果树对营养的需求。秋季使用腐熟的有机肥 3 吨 / 亩、硫酸钾复合肥 100 千克 / 亩、微量元素肥 25 千克 / 亩，开沟根施。

含香在生产过程中完全遵循绿色标准化种植，产的果实香甜可口，深受当地市民欢迎。

典范产品3：草莓

草莓具有润肺生津、健脾、消暑、解热、利尿、止渴的功效，主治风热咳嗽、口舌糜烂、咽喉肿痛、便秘、高血压等症。

草莓在生产中基肥每亩施农家肥 3 吨或优质腐熟鸡粪 2.5 吨，磷酸氢二铵 50 千克，硫酸钾 20 千克。氮、磷、钾的比例以 15 ∶ 15 ∶ 10 为宜。追肥：顶花序显蕾时，第一次追肥；顶花序果开始膨大时，第二次追肥；顶花序果采收前期，第三次追肥；顶花序果采收后期，第四次追肥。追肥与灌水结合进行，追肥以磷酸二氢钾为主，每亩每次追肥 2 千克，液肥浓度以 0.2％ ~ 0.4％为宜，视生长情况追施少量氮肥，可施入适量牛奶改善草莓风味。产品已获国家绿色产品认定。

联系人	常依平	联系电话	13309249079
传　　真	/	电子邮箱	rhyrhy2016@.163.com
通信地址	陕西省西安市灞桥区 狄寨街道办夏塘路中段1号	网　　址	www.sxzhwh.com

西安市灞桥区于卫家庭农场

一、单位概况

西安市灞桥区于卫家庭农场位于狄寨街办水安路寨子村东，是灞桥区东部果业发展的重要产业带，属于个人独资企业。农场占地 51 亩，其中葡萄园区 20 亩、樱桃园区 30 亩，农场建成后为狄寨街办东部地区现代农业的发展起到带头作用，有效地推动了生态农业示范化、规模化、优质化发展进程，带动了灞桥区东部农民劳动致富的积极性，增加了农民的收入，提高了农业的综合经济效益。

农场成立于 2014 年 11 月。2016 年农场产出的葡萄获第二十三届杨凌农高会后稷奖；2017 年农场被西安市、陕西省先后评为示范家庭农场，农场所产葡萄获得了无公害农产品证书。2018 年初种植樱桃 30 亩，全部采用立壁树形，有利于机械化操作，通风透光，商品率高，正在申请绿色食品认证中。

农场全部实施节水灌溉，修建长廊 1 200 平方米、观光平台 12 平方米、包装车间 70 平方米，已搭建樱桃、葡萄避雨设施各 10 亩，保证了果品的商品率高，另有农药库、检验室、库房等设施。

农场现有葡萄、樱桃技术人员各 1 人及高级职业农民 1 名，注册了迷鹿牌商标，各项规章制度健全，确保农产品质量安全。

二、纳入典范产品特征介绍

典范产品1：樱桃

农场秉持绿色发展理念，发展精品樱桃，其樱桃从种植时就选择市场中最新品种，采用立臂架型，通风透光，全部采用有机肥和水溶肥。有机肥原料采用豆粕、油渣、药渣、花椒渣等优质植物原材料，双向调节土壤酸碱度，平衡土壤营养，培肥地力，促进团粒结构形成，破除板结，保肥，补充矿物质中的微量元素与菌群，分解释放养分；在提高地温的同时刺激各种植物酶的活性；在固氮、解磷、解钾的同时大幅度提高土壤有机质含量及利用率。水溶肥含有作物所需的氮磷钾，并富含螯合态微量元素，特别添加进口级高纯度磷酸二氢钾，以滴灌方式进行施肥。它的特种弱酸性配方，能全方位满足作物不同营养阶段需求，营养均衡，适用范围广，促进植株均匀生长，提高产量，改善品质。樱桃成熟期新品种易裂果，因此园区全部搭建樱桃防雨设施，保证了产品品质，颗粒饱满，色泽艳丽，果肉质地细腻，味浓气悠，富含大量维生素，营养丰富，正如白居易所述“香色鲜秾气味殊”。

典范产品2：迷鹿牌葡萄

农场秉持绿色发展理念，种植葡萄十几年，迷鹿牌葡萄获得了农高会后稷奖，两次获得西安市葡萄优质奖，并且纳入全国名特优新农产品名录。随着市场需求的改变，农场不断增加品种的多样性。葡萄生产中全部采用有机肥和水溶肥。有机肥原料采用豆粕、油渣、药渣、花椒渣等优质植物原材料，双向调节土壤酸碱度，平衡土壤营养，补充矿物质中的微量元素与菌群，分解释放养分，在固氮、解磷、解钾的同时大幅度提高土壤有机质含量及利用率。水溶肥含有作物所需的氮磷钾，并富含螯合态微量元素，特别添加进口级高纯度磷酸二氢钾，以滴灌方式进行施肥。它的特种弱酸性配方，能全方位满足作物不同营养阶段需求，营养均衡，适用范围广，促进植株均匀生长，提高产量，改善品质。因为葡萄成熟期正逢秋季阴雨天气，病虫害易发生。为了保证产品的品质，园区搭建了防雨设施，保证了产品的质量。白鹿原地势高，温差大，葡萄的甜度高，所出产品晶莹剔透、口感绝佳、营养丰富，是老少皆宜的水果。

联系人	于卫	联系电话	13359218538
传　真	/	电子邮箱	yuwei20006@163.com
通信地址	陕西省西安市灞桥区狄寨街办迷鹿村三组	网　址	/

周至县大曲果业专业合作社

一、单位概况

周至县大曲果业专业合作社成立于2009年，由大曲村22个合作农户改制而成，并在县工商局登记。2016年5月变更登记，现有社员228户，注册资金200万元，经营范围包括种植、养殖、生产、加工及销售农副产品。

合作社办公场所面积600平方米，机构健全。设有理事会，理事长1人、总经理1人；财务3人；科技人员4人，其中高级职称2人、中级职称3人；长年驻社工作人员7人，主要负责猕猴桃品种优化、产品网络销售、科技服务及生产经营为一体的专业化经济实体。

合作社现下设4个生产基地，示范果园500亩；养殖场3处，放养二代野猪300头，散养鸡10 000只，天鹅500只，圈养优质肉牛100头。合作社以农家肥发酵生物菌肥为主，配备少量优质复合肥。以6月份前采购的大量羊粪、牛粪和优质菜籽饼经过EM菌发酵腐熟，秋冬足量施入。园区运用风送式雾化机均匀喷洒以生物制剂为主的植保产品，合理配置太阳能杀虫灯，生产出高档精优果品。近年来，合作社获陕西省标准化示范基地、陕西省放心农产品等荣誉。

二、纳入典范产品特征介绍

典范产品：翠香猕猴桃

果实长圆柱形兼扁圆形，果形整齐，平均单果重96克，最大单果重136克；果皮褐色，被金黄色硬毛，果肉绿色，细腻多汁，风味香甜可口；含可溶性固形物18% ~ 21%，干物质含量23% ~ 25%，维生素C 1.74毫克/克，可滴定酸0.8%，可溶性糖12%。常温下后熟期25 ~ 30天，低温下贮藏期5个月。

翠香猕猴桃获周至县推广优质农产品、西安市优质农产品等荣誉。

第 39469543 号

商标注册证

大曲河畔

核定使用商品/服务项目（国际分类：31）

第 31 类：谷（谷类）；植物；新鲜蔬菜；动物食品；新鲜水果；新鲜猕猴桃；植物种子；酿酒麦芽；活动物；树木（截止）

注 册 人 周至县大曲果业专业合作社

注册人地址 陕西省西安市周至县集贤镇大曲村村委会院内

注册日期 2020年03月28日 有效期至 2030年03月27日

局 长

发证机关

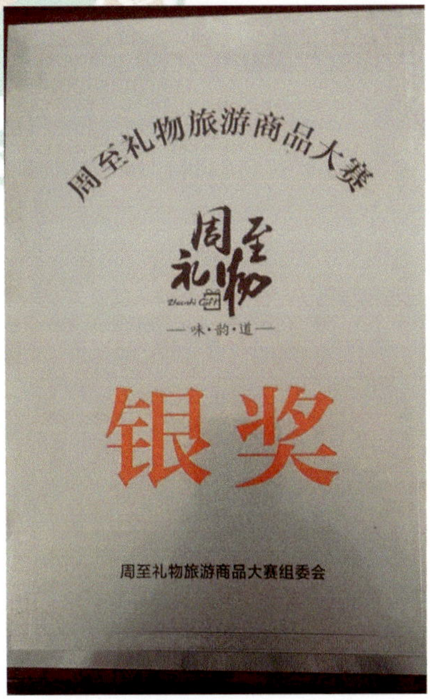

联系人	田志鹏	联系电话	18629316988
传　　真	/	电子邮箱	878970355@qq.com
通信地址	陕西省西安市高新区集贤镇大曲村	网　　址	/

西安市周至县富余果业专业合作社

一、单位概况

西安市周至县富余果业专业合作社位于周至县九峰镇余家村，成立于2011年8月，经过几年的不断努力已发展到208户，在市县两级职能部门的指导下帮扶贫困户150户，注册资金202.5万元，带动及辐射周边果农1 500户，为果农进行产、供、销一条龙服务。现有冷库300吨、新品种引进示范园20亩、培训教室100平方米。合作社注册了“陕秦富余”商标及“富余果业”中国域名商标，完成了猕猴桃无公害认证。连续4年被评为县级先进单位，并获评西安市优秀示范社、陕西省优秀示范社、陕西省百强示范社、西安市农民专业合作社十佳示范社、西安市农产品优秀示范基地。合作社在猕猴桃生产过程中，坚持使用生物菌肥和富含解淀粉芽孢杆菌等功能性菌种及富含有机质、腐植酸、微量元素的有机肥，能有效防病抗病，全方位促使作物健康生长，为优质高产打下坚实的基础。

二、纳入典范产品特征介绍

典范产品1：翠香猕猴桃

果实长纺锤形，果形整齐，平均单果重92克，最大130克，果皮黄褐色，果肉翠绿，质细汁多，酸甜可口，具有芳香味。含可溶性固形物16% ~ 19%、干物质18% ~ 20%、总糖5.5%、总酸13%，维生素C 1.85毫克/克。

陕秦富余翠香猕猴桃在2019年、2020年西安市猕猴桃评优大赛获银奖。

典范产品2：金福猕猴桃

金福猕猴桃树势健旺，果形端正，味甜中带酸，口感好，货架期长。成熟期9月中旬至10月中旬，是海沃德的换代品种，大有发展前景。

典范产品3：瑞玉猕猴桃

瑞玉猕猴桃是陕西佰瑞猕猴桃研究院通过杂交选育的最新最优美味系品种。已经通过国家审定。瑞玉的母本是秦美，父本是K56，综合性状良好，具备以下特征：风味好，特别香甜可口；果形美观；树势强壮，生长量大；丰产性好；抗逆性强，抗寒、抗旱；耐贮性好，货架期长，冷库可存放6个月。糖度18%～20%，干物质22%～25%，维生素C 1.7毫克/克，不用营养液，平均重量100克，最大重量140克，各项营养指标均超越了其他的猕猴桃品种。瑞玉是目前最具发展前景的新优品种，树势健旺，高抗溃疡病，果毛长，皮厚，味甜口感像翠香，货架期长，耐贮藏。中晚熟，采收时间跨度长，是翠香的换代品种，前景广阔。

联系人	陈新武	联系电话	13991379796
传　　真	029-85111557	电子邮箱	fuyuguoye@163.com
通信地址	陕西省西安市高新区九峰镇余家村	网　　址	/

西安市开盟果业专业合作社

一、单位概况

西安市开盟果业专业合作社位于周至县九峰镇永丰村，成立于2009年9月，业务覆盖鄠邑、兴平、周至、武功、眉县、长安等区县。现拥有市、县级科技特派员3人，以及高级农艺师5人、中级职业农民10人、初级职业农民60余人。自成立以来，每年开展各类种植管理技术培训24场次，培训人数2 000余次，发放农业管理技术手册400余册。合作社现有示范园50亩，引进高标准设施极早熟葡萄，建立设施大棚12栋，建立可容纳200人培训教室一座。通过示范园带动辐射周边新建葡萄大棚发展，通过科学管理，使果品品质得到了较大的提高，深受广大消费者、客商的一致好评。示范园区以新品种引进、试验、推广来推进区域产业升级换代，通过技术培训和示范园带动经济效益和社会效益。肥料以微生物有机肥为主。有机肥含有大量有机质、腐植酸，可以改善土壤物理性状，防止土壤板结酸化、盐碱化，有利于保水保肥、通气和促进根系发展，不但能提供果树正常生长所需的营养和微量元素，还可以改善传统使用化肥造成的土壤板结。

二、纳入典范产品特征介绍

典范产品1：首阳香葡萄

引进新品种葡萄首阳香，果实成熟后呈粉红色，晶莹透亮，口感香甜，果肉硬，可切片，开花到成熟80天左右，最大单穗重500克，最大单粒重8克，含糖量24%，抗病性极强，设施栽培成熟期4月上旬至5月上旬，耐储存，是极早熟葡萄综合性状最优良的品种之一。

典范产品2：翠香猕猴桃

翠香猕猴桃果实卵形，果喙端较尖，果实美观端正、整齐，横径3.5 ~ 4厘米，长7 ~ 7.5厘米，最大单果重130克，平均单果重82克，单株树上有70%的单果重可达100克，商品率 90%，果肉深绿色，味香甜，芳香味极浓，品质佳，适口性好，质地细而果汁多，硬果可溶性固形物 11.57%，较软果可溶性固形物可达 17% 以上，总糖 5.5%，总酸 1.3%，每 100 克鲜果肉含维生素 C 185 毫克，并含 17 种人体需要的氨基酸。刚采收的果实硬度 19.7 千克 / 平方米。翠香猕猴桃最大特点是维生素 C 含量高，营养丰富，果皮绿褐色，果皮薄，易剥离，食用方便。翠香猕猴桃是一个鲜食的优良品种，采后室温下可存放 20 ~ 23 天，0 ~ 1℃可贮藏 4 ~ 5 个月，较耐贮藏运输，且货架期长。

联系人	陈开盟	联系电话	13991243031
传　　真	/	电子邮箱	979963670@qq.com
通信地址	陕西省西安市高新区九峰镇永丰村	网　　址	/

陕西佰瑞猕猴桃研究院有限公司

一、单位概况

陕西佰瑞猕猴桃研究院有限公司成立于 2009 年 12 月，是一家集猕猴桃品种选育、技术研发、示范推广、科技服务及生产经营为一体的专业化经济实体。公司现有科研技术人员 32 人，其中高级职称 3 人、中级职称 6 人、博士 2 人、硕士 6 人、本科 12 人，技术实力雄厚，科技成果转化及产业化能力强。公司以建设“国际一流、国内领先”的猕猴桃创新高地及产业化基地为目标，以“科研作为产业，成果作为商品”的创新理念，致力于建设猕猴桃科研中心和技术服务平台，研发新品种、新技术、新产品，生产经营商品花粉、良种苗木和优质鲜果，构建了比较完善的猕猴桃产业技术体系，已成为陕西省乃至全国猕猴桃产业的领头羊。公司是国家高新技术企业、国家级星创天地、陕西省农业产业化重点龙头企业，还是陕西省猕猴桃工程技术研究中心、中国猕猴桃产业战略联盟理事长单位。

二、纳入典范产品特征介绍

典范产品1：佰瑞瑞玉猕猴桃

佰瑞瑞玉猕猴桃是陕西佰瑞猕猴桃研究院自主选育的品种，果实长圆柱形兼扁圆形，果形整齐，平均单果重 96 克，最大单果重 136 克；果皮褐色，被金黄色硬毛，果肉绿色，细腻多汁，风味香甜可口；含可溶性固形物 18% ～ 21%，干物质 23% ～ 25%，维生素 C 1.74 毫克 / 克，可滴定酸 0.8%，可溶性糖 12%。常温下后熟期 25 ～ 30 天，低温下贮藏期 5 个月。公司在猕猴桃种植的过程中大量投入有机肥，可以改善土壤成分，增加土壤的有机质，提高土壤肥力，可以全面、稳定地供给猕猴桃树养分和微量元素，而且这些微量元素是完全无公害、无污染的天然物质，大大地提升了绿色食品的产量和品质，并且能够很好地保护环境，保护人民的身体健康。

佰瑞瑞玉猕猴桃在 2018 年第一届全国优质猕猴桃品鉴会斩获金奖和最佳风味奖，在 2019 年和 2021 年获第二十六届、第二十八届中国杨凌农业高新科技成果博览会后稷特别奖。

典范产品2：佰瑞“翠香猕猴桃”

佰瑞翠香猕猴桃果实长纺锤形，果形整齐，平均单果重 92 克，最大 130 克，果皮黄褐色，果肉翠绿，质细汁多，酸甜可口，具有芳香味。含可溶性固形物 16% ~ 19%，干物质 18% ~ 20%，总糖 5.5%，总酸 13%，维生素 C 1.85 毫克 / 克。生产过程中广泛使用生物菌肥，可以提高化肥利用率，减少化肥的使用量，从而降低成本，微生物菌肥对生态环境无不良影响，能减少农产品的污染，改善土壤的团粒结构，有利于提高土壤肥力，同时净化土壤，保护环境。

佰瑞翠香猕猴桃在 2018 年第一届全国优质猕猴桃品鉴会获金奖。

典范产品3：佰瑞牌花粉

佰瑞牌花粉是陕西佰瑞猕猴桃研究院自己加工生产的，可以有效提高单株坐果率，提高产量；能使果实有效完成受精作用，保证单个果实生长所需种子数，使果实正常发育，增大果个，减少畸形果数量，提高果实品质。先后申请了 5 项实用新型专利、1 项发明专利。2020 年获陕西省科学技术进步奖二等奖。

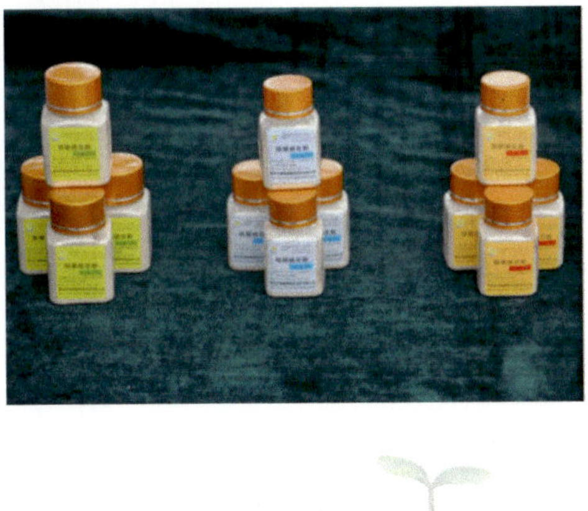

联系人	李永武	联系电话	18092388108
传　　真	/	电子邮箱	bairui2009@163.com
通信地址	陕西省西安市高新区九峰镇佰瑞猕猴桃创新园	网　　址	www.bairuikiwi.cn

清苑区南王庄李素环瓜果蔬菜专业合作社

一、单位概况

清苑区南王庄李素环瓜果蔬菜专业合作社 2009 年成立，注册了“亿润”牌瓜菜商标，进行了省级环评认证，被评为河北省名牌产品。2016 年获评优秀农产品奖。2014 年 12 月合作社的农产品被评为河北省名牌产品。多年来先后与河北农业大学、河北省农林科学院、国家现代农业西甜瓜产业技术体系等科研单位建立技术协作关系，成立了西瓜研究所，引进西瓜科研课题 5 项，引进优质高产西瓜新品种 20 余个，通过国家现代农业西甜瓜产业技术体系引进的高产耐运西瓜良种体华鑫 863 系列品种推广面积达 5 万亩以上，为瓜农带来了巨大的经济效益。

二、纳入典范产品特征介绍

典范产品1：浩丰甜王

中早熟，果实短椭圆形，易坐果，雌花开放至果实成熟 30 天左右，瓤色大红，果皮韧性好，平均单果重 8 ~ 10 千克，最大可达 15 千克，含糖量 13.5%，口感好。

典范产品2：超越梦想

早熟小型西瓜，生育期 90 天，开花后 27 天左右成熟，坐果整齐，单瓜重 1.5 ~ 2.5 千克，果实椭圆形中心糖度 14 以上，果肉红色，质脆而多汁，风味佳，抗病性强。

联系人	李素环	联系电话	13932228717
传　　真	/	电子邮箱	/
通信地址	河北省保定市清苑区东闾乡南王庄村	网　　址	/

秦皇岛市木美土里农业发展有限公司

一、单位概况

秦皇岛市木美土里农业发展有限公司成立于2016年10月，位于河北省秦皇岛市山海关区石河镇上沟村，是一家以大樱桃生产、大樱桃苗木生产、组培砧木苗生产为主的民营企业。基于木美土里集团公司的支持，园内栽培使用的肥料均以木美土里肥料为主，其具有改土壮根、增强树势，防治病虫害、高产丰产、膨果提色等多种作用。

二、纳入典范产品特征介绍

典范产品1：俄罗斯八号

俄罗斯八号果个大，果实宽心脏形，平均单果重12.9克，横径多为3.0厘米以上；树势中庸，树姿开张，枝条充实，为早花早果创造了基础条件；早中熟品种，成熟时果实颜色从鲜红色渐至黑紫，果肉肥厚硬脆，甜，可溶性固形物18.9%，总酸含量0.69%，果实风味极佳；成熟后，可在树上留存半月，耐储运。所用肥料能提高光合作用，从而提高果实口感，让果实更香甜，风味和香气更加浓郁，且能延长作物采摘期，提高商品率和果实表面光泽度。

典范产品2：美国大红

美国大红与布鲁克斯为姊妹品种，花量大、花粉量多，丰产性强，自花授粉，为宽心形或双肾形，果个大，平均单果重12.1克左右，颜色多半红、少半黄，口感好，果肉口感细腻，果肉硬，耐储运，花期4月下旬，7月初成熟，属极晚熟品种。

联系人	张召	联系电话	17334460523
传　　真	/	电子邮箱	mmtl327@163.com
通信地址	河北省秦皇岛市山海关区石河镇上沟村	网　　址	/

北京市（甘南）双河农场

一、单位概况

北京市（甘南）双河农场始建于1956年，2012年5月交由北京首农集团（现首农食品集团）经营管理。农场地处北纬47°松嫩平原上，拥有寒地黑土耕地40余万亩，年产优质粮食25万吨，是北京市在外埠最大的国有农场。改制以来，在北京市委市政府、市国资委的大力支持下，在首农食品集团的坚强领导下，农场紧紧围绕“三地一区”建设，全面落实集团新发展要求，以建设现代农牧业食品产业园区为总揽，以建设绿色、安全、有机农牧产品生产基地为主线，加快构建粮经饲统筹、种养加一体、一二三产融合的发展格局。通过不断整合优质资源，形成从田间到餐桌的现代食品产业体系发展的全产业格局。农场坚持品牌和科技双轮驱动，强化食品安全管控体系建设，努力成为首农食品集团现代农牧生产基地、绿色安全有机高端农牧产品供应基地、现代农业示范基地、农业科技集成的高地，建设代表首都水平的现代农业产业示范园区。

二、纳入典范产品特征介绍

典范产品1：双河大米

农场现有日加工稻谷250吨生产线4条，可年处理稻谷30万吨，仓储15万吨，拥有黑龙江省西部单体加工规模最大、设备最先进、现代化程度最高的大米加工设备。主机设备选用日本佐竹和瑞士布勒设备，有效地保障大米在生产加工过程中产品质量安全。2015年完成了农业部的全产业链可追溯验收；2015年正式通过ISO 9001质量管理体系认证和ISO 22000食品安全管理体系认证；2017年获得黑龙江省放心粮油示范工程示范加工企业荣誉称号；2019年3月获得齐齐哈尔市十佳消费者最喜爱的畅销品牌荣誉称号；2021年获北京市“好粮油”称号。双河大米使用“十统一”种植模式，生产优质、安全、绿色稻谷。公司主打稻花香、哈香稻、贡米、香米、香珍珠米五大系列，共5种规格23个品类；拥有双河、双河之梦、双河之星、京双、京双御粮、音河、音河源7个商标。

联系人	高焕勇	联系电话	15727330829
传　　真	0452-5589042	电子邮箱	gaohuanyong2007@sina.com
通信地址	黑龙江省齐齐哈尔市甘南县双河农场科技楼	网　　址	www.bjshnc.com

上海鑫鱻果蔬专业合作社

一、单位概况

上海鑫鱻果蔬专业合作社是上海超大的私人定制果园、立体生态基地、休闲旅游农业基地，经营土地规模为 3 300 亩，其中 800 亩为经济林，地处崇明岛中部东平国家森林公园、根宝足球训练基地、前卫村现代农家乐、现代化奶牛养殖场、绿地长岛附近，旅游资源非常丰富。

基地坐落在崇明长江农场内，管家可为消费者开辟一块田地，种上没有化肥、农药的纯绿色的水果、西瓜、大米、蔬菜、杂粮杂豆，让消费者享受到 30 多年前没有化肥、没有农药、没有添加剂的水果、蔬菜等真正有机的农产品。

二、纳入典范产品特征介绍

典范产品：水稻

秧田肥力是培育水稻壮秧的关键因素。秧床每亩用赛安 Airfree 牌有机肥 30 ~ 40 千克撒于垡头，然后细耙，使土、肥混合均匀，整理后待播。播种前 1 ~ 2 天放水浸透床面，精细整地，达到泥烂、面平。待达到秧床水分下渗没有泥浆时耧平进行精细播种，播种时达到半籽入泥，不能撒籽不见籽，以防播种深浅不一，出苗不齐，播后用铁锨轻拍，使种子和泥面平。待覆盖的粪土不潮湿时，再用 1 ∶ 2 的过筛腐熟粪土覆盖，粪土厚度 0.7 ~ 1 厘米。秧苗在抽高长出第一节稻茎的分蘖期，需要施肥，让稻苗成长得健壮，并促进日后结穗饱满、数量多。

有机肥含有生长素、维生素、胡敏酸和氨基酸等有机物质，对水稻营养生理和生物化学过程能起特殊作用，还能提供二氧化碳气体供水稻进行充分光合作用，使生产的大米颗粒饱满、软糯香甜。

此外，赛安有机肥缓冲性大，可缓和土壤酸碱变化，可减轻盐碱土壤对水稻的危害。

联系人	于德法	联系电话	18901612990
传　　真	/	电子邮箱	2911962522@qq.com
通信地址	上海市崇明区北沿公路1647弄535-2号	网　　址	/

湖北省金秋农业高新技术有限公司

一、单位概况

湖北省金秋农业高新技术有限公司成立于 1998 年，位于荆州市长江大桥南岸公安县埠河镇金秋农业科技示范园。公司是湖北省第一家以葡萄生产为主导产业，集科学研究、试验示范、产品销售、精深加工、教育培训、技术推广、三产融合于一体的省级农业产业化重点龙头企业、国家高新技术企业、国家现代化农业科技示范展示基地和国家级金秋农业星创天地。公司的产业规模、种植经验、栽培技术、创新能力、分配机制、带动作用一直居全国业内领先水平，是湖北省葡萄领域农业高质高效发展的先行区域。

二、纳入典范产品特征介绍

典范产品：阳光玫瑰

外形特点：阳光玫瑰果穗圆锥形，穗重 1 500 克左右，平均果粒重 8 ~ 12 克；果粒着生紧密，椭圆形，黄绿色，果面有光泽，果粉少；果肉鲜脆多汁，有浓郁玫瑰香味，可溶性固形物 20% 左右，最高可达 26%，鲜食品质极优。

品质特点：产品绿色无公害；果品优质、色泽好，自然生长、自然着色、自然上粉、自然成熟、保持了葡萄天然本色；品相好，种植过程中应用了多项独创技术，保证了穗形、穗重、粒形、粒重基本一致；味道好，采用大棚保温园艺栽培，全部施用有机肥料，保持了果品的自然糖分和品种的生理属性；产品质量实行全程可追溯，上市坚持“四不准”，即不检测不采摘、不成熟不采摘、不标准不采摘，不精选不包装。

联系人	罗雨红	联系电话	13872203547
传　　真	/	电子邮箱	1748036280@qq.com
通信地址	湖北省荆州市公安县埠河镇金秋科技园	网　　址	/

陕西波尔多生态农业有限公司

一、单位概况

2014 年陕西波尔多生态农业有限公司在中国农学会葡萄分会和西北农林科技大学、陕西省葡萄协会、西咸新区秦汉新城农业农村局、窑店街办的指导和大力支持下，在秦汉新城窑店街办刘家沟村流转 130 亩土地，陆续引进十余个优秀葡萄品种。坚持科学、规范的栽培方式为依托，提出并推行葡萄健康栽培体系，生产健康、优质精品葡萄。园区内分为设施栽培，观光栽培、标准栽培，在满足不同时期、不同口味和观光需求的同时，坚持以品质为先，严格按照健康栽培标准。对病虫害进行科学防控，减少甚至杜绝病虫害的发生，有完整的溯源系统。自然生草，培养健康的生态小环境并提高土壤有机质含量。进行严格控产，每亩不超过 750 千克。注册“葡小淘”商标，品牌化运营，不同的品种以天然的口感、美丽的外形和精美的包装赢得了广大消费者高度好评，观光、采摘、团队活动媒体及购买者络绎不绝。营销过程中尝试开发多种渠道，开辟电子商务平台，在包装上多方面大胆尝试，取得显著成果。2021 年通过绿色食品认证。以良好的口感、靓丽的外观以及精美的包装荣获第二十二届、二十八届中国农业高新科技成果博览会后稷奖。2017 年、2018 年、2019 年、2020 年连续 4 年获得全国鲜食葡萄评比金奖。

二、纳入典范产品特征介绍

典范产品：葡萄

公司多年来坚持做优质、健康农业，在农业生产过程中严格按照国家绿色食品投入品使用要求，严格按照绿色食品农药使用名录科学规范用药，以预防为主、治疗为辅，并注意采收安全间隔期，在成熟期各级监管部门抽检过程中各项残留指标均合格。园区自建园以来，重视土壤有机质提升，每年施有机肥 10 吨以上，结合自然生草，通过 7 年的土壤改良，土壤有机质含量明显提升，给生产安全优质葡萄奠定良好的基础。

联系人	梁国	联系电话	13891434695
传　　真	/	电子邮箱	262426227@qq.com
通信地址	陕西省西咸新区秦汉新城窑店街办刘家沟村	网　　址	/

秦汉新城大农生态种养殖专业合作社

一、单位概况

秦汉新城大农生态种养殖专业合作社位于西咸新区秦汉新城窑店街道三义村北，距西安、咸阳城区15千米，属于农民专业合作经济组织。2016年8月成立并开工，项目总投资530万元，总占地面积120亩，目前栽种引进新疆小白杏60亩，蟠桃、水蜜桃等品种30亩，生态大棚15亩，猕猴桃3亩，及其他绿化苗木25亩。合作社目前的主要经营项目是主粮及经济作物的种植、农业技术的开发和推广、乡村旅游开发、农产品加工，探索一二三产融合发展。公司在2018年承揽秦汉新城五子富民面袋子工程的基础上开展并实施粮食技术种植托管项目，涵盖耕地面积5 000余亩。合作社在寻求企业自身发展的同时，积极联合村集体经济，带动当地种植业、养殖业，累计带动农户由最开始的7户发展到目前300余户，很好地解决了农村剩余劳动力问题，推动了当地的经济发展。由于工作突出，合作社被评为2019年度市级十佳企业单位，小白杏2021年通过绿色食品认证。目前，合作社着力打造集可循环农业、创意农业、生态观光于一体的田园综合体，通过发展生态旅游，推进绿色循环可持续性发展，带动周边更多的农户逐步脱贫致富。

二、纳入典范产品特征介绍

典范产品：小白杏

合作社2016年引进的小白杏严格按照国家绿色食品投入品使用要求规范用药，以预防为主，在成熟期各级监管部门抽检过程中各项残留指标均合格。

园区自建园以来，重视土壤有机质提升，重施有机肥，土壤有机质含量明显提升。因良好的自然环境，合作社所生产的小白杏水分充足，果个大，色泽金黄，含糖量高，品质、外观明显高于优于原产地。

联系人	何亚州	联系电话	15991200012
传　　真	/	电子邮箱	15757595105@163.com
通信地址	陕西省西咸新区秦汉新城窑店街办三义村	网　　址	/

新华石榴专业合作社

一、单位概况

新华石榴专业合作社成立于2010年，位于秦陵街道秦陵村。新华石榴主栽区域位于海拔550～600米的骊山丘陵地带、山南高北低，地形总体起伏不大，园区内有小河流1条，无任何工业污染，区域海拔高度适宜，地势积温为4 500℃以上，全年无霜期219天，是石榴生产的优生区园区。合作社现有土地200余亩（石榴165余亩，苗圃30余亩），生态保持完好，水源充沛，交通便利。园区基础设施良好，石榴品种优良，无污染，属于临潼石榴优生区。全园增施生物有机肥，采用果园生草、林下养殖、生物诱杀等绿色标准技术措施，带动周边园区或果农发展绿色农产品。园区现有石榴包装间600平方米、冷藏保鲜库2座，以及农业机械，打药旋耕机、割草机等作业机械10余台。合作社基地固定资产600万元，现有高级农艺师1名、高级职业农民1名、新型职业农民技术员6名。

二、纳入典范产品特征介绍

典范产品：石榴

临潼石榴历史悠久，品质优良。合作社主要种植临潼本地净皮甜石榴品种，红皮，果形漂亮，皮薄籽大，半软籽；酸甜可口，营养丰富，耐储性好。园区还引进和嫁接的红软籽石榴（突尼斯软籽石榴、红钻软籽和黑钻软籽石榴），籽粒大，血红色，籽粒特软，营养价值很高。黑籽甜酸石榴也可做深加工红酒果汁和饮料，深受消费者喜爱。石榴最佳成熟期为10月。按照西安市土肥站有机肥代替化肥方案，增大有机肥使用量，减少化肥使用量，达到优质高效目的，减少化肥对土壤的污染。施肥时期为11月至翌年春。底肥一般每亩施用农家肥和商品有机肥约2 500千克/亩、复合肥约25千克/亩。施足基肥。第一次花芽分化期，追施微生物菌肥，随水滴灌施用，能够有效促进植株根系和幼果生长。二次花芽分化膨果期，随水追施水溶肥料（大量元素水溶肥）2～3次，用量3千克/亩，喷施2～3次叶面肥，每15～20天一次，或随水追施水溶肥料（大量元素水溶肥）都能够有效保障生长后期营养需求和石榴树越冬营养物质存储，减少冻害。

联系人	郑新华	联系电话	15209223390
传　　真	/	电子邮箱	1326876192@qq.com
通信地址	/	网　　址	/

西安市临潼区石榴红生态科技园

一、单位概况

西安市临潼区石榴红生态科技园成立于 2007 年 8 月，是陕西华瑞实业集团积极响应陕西省“十三五”发展规划和“以工哺农”的战略背景下成立的。园区南依骊山、北临渭水，位于零口街办三府村，地处临潼石榴优生带。园区占地面积 1 120 亩，目前园区引进培育新老石榴苗木品种 60 余种，现种植石榴果树苗木 30 万余株，其中名优品种盛果石榴树约 1.6 万株，是我国石榴品种最多、最全、最集中的种质资源圃之一，并已被农业农村部认定为石榴种质资源繁育基地。园区自成立以来，秉承工业人的严谨，坚持从源头抓品质，内选外引，促进优质果品提质增效，加快优质品种引进改良。坚持品质分级、品种分类，用工业人的精神，双品牌引领——“临潼好石榴，正宗百富瑞”“为爱而生，宠爱榴榴”，放眼全产业链做优做精临潼石榴。

二、纳入典范产品特征介绍

典范产品：石榴

骊山红石榴是公司近年来外引内选品种改良的名优品种，树势强健、耐瘠薄、抗寒耐旱。园区石榴生产坚持绿色环保可持续发展理念，在肥料应用方面，酵素菌肥与复合有机肥相结合。微生物肥料具有活化养分、提升肥效、修复和改善土壤、提高地力等多种作用，已经成为农业可持续发展不可缺少的投入品。从 2014 年开始，园区和陕西省科学院酶工程研究所合作，开展了石榴残次病虫果生产酵素菌肥的技术研究。园区利用收集的残次果及果树果蔬枝条，粉碎堆积于地窖，加入酵素菌腐熟剂，经过发酵翻堆搅拌，检测发酵腐熟度指标，加入胶质芽孢杆菌及枯草芽孢杆菌，收集发酵液，得到成品石榴酵素菌肥喷施于石榴叶面，窖渣作为生物有机肥做基肥或追肥施用。多年的酵素菌肥施用结果表明，石榴叶颜色浓绿，光合作用增强，树体生长健壮，优果率提高，并表现出提前 7 ~ 10 天的早熟现象。生产的石榴可溶性固形物含量明显提高，糖度增加，籽粒颜色诱人、果味提高，口感酸甜爽口，品质明显提高，深受消费者喜爱。

联系人	王勋昌	联系电话	13991326985
传　　真	029-81375151	电子邮箱	1908649352@qq.com
通信地址	陕西省西安市临潼区山岳组99号	网　　址	/

西安市临潼区龙河石榴专业合作社

一、单位概况

西安市临潼区龙河石榴合作社位成立于2011年，注册资金200万元，位于马额街办南庙村。注册商标“临鲜”，种植石榴300亩。园区地处临潼石榴优生区骊山北麓，依山傍水，无污染，生态环境良好。“临鲜”牌石榴色泽艳丽，果大皮薄，汁多味甜，核软鲜美，籽肥渣少。合作社亩产石榴1 500千克，年销售额260多万元，利润60多万元。合作社2015年被评为西安市市级科技示范园；农业部水果标准示范园；2016年获陕西省农业厅无公害农产品产地认证、农业部无公害农产品认证；2020年获中国绿色食品发展中心绿色食品认证；2021年纳入第二批全国名特优新农产品名录。

二、纳入典范产品特征介绍

典范产品：石榴

龙河石榴合作社主要种植的石榴品种有净皮甜及新大甜、骊山红等。根据石榴的生长特性和施肥要求，秋季采果后及早施用基肥，以增加树体中营养积累，以利树体安全越冬。基肥以有机肥为主，株施20 ~ 50千克，配施复合肥0.5 ~ 1千克。分别在花前、花期、幼果膨大期、果实采收前利用水肥一体化设施冲施水溶肥3 ~ 5千克/亩。从4月开始结合病虫害防治，叶面喷施0.3%的磷酸二氢钾和尿素，以补充养分，满足果实生长、花芽分化的营养需求，确保石榴优质高产，连年丰产。

联系人	安璐	联系电话	13991338339
传　　真	/	电子邮箱	254889950@qq.com
通信地址	陕西省西安市临潼区马额街道南庙村	网　　址	/

西安市临潼区茂林种养殖专业合作社

一、单位概况

西安市临潼区茂林种养殖专业合作社成立于 2016 年 8 月，位于临潼区马额街道东头，龙河西岸，交通便利，占地 279 亩，注册资金 1 390 万元，是一个集生态禽畜养殖、有机石榴果品种植、生态观光及宣扬农耕文化于一体的综合性现代生态农业园区。

合作社石榴种植面积 200 余亩，养殖场占地 15 亩，年销售良种仔猪 2 000 余头，出栏生猪 2 000 余头，配套无害化粪污设备，苜蓿饲料种植 20 余亩，形成了“苜蓿—猪（鸡）—沼肥—石榴”的良性生态循环模式。农产品已注册锦茂林商标。并通过国家绿色有机食品，国家地理标志认证。合作社致力于发展种养结合、循环农业的绿色生态园区。

合作社成立至今先后获得国家石榴西安示范基地、省级农民合作社示范社、创建全国农村一二三产业融合发展示范基地、十佳果盘子农民专业合作社、临潼石榴地理标志保护工程示范基地等一系列荣誉称号。合作社生产的锦茂林牌骊山红石榴多次在西安市农业技术推广中心进行的石榴评优大赛中获得金奖，在 2021 年第二十八届中国杨凌农业高新科技博览会获得后稷奖。

二、纳入典范产品特征介绍

典范产品：石榴

临潼石榴素以色泽艳丽、果大皮薄、汁多味甜、核软鲜美、籽肥渣少等特点而著称，位居全国五大名榴之冠，被列为果中珍品，享誉九州，驰名海外。

锦茂林牌骊山红石榴为临潼石榴中的珍品，单果有记录重达 1 500 克，皮薄籽大、汁多渣少、口味酸甜，为绿色无公害石榴，利用种养结合的新农模式，全部使用自产有机肥及山泉水，使用现代农业技术提高长势及抵抗力，是骊山红石榴中的佼佼者，深受消费者喜爱。

联系人	段少林	联系电话	13709255818
传　　真	029-83905899	电子邮箱	183434317@qq.com
通信地址	陕西省西安市临潼区马额街办马额村	网　　址	/

蓝田县娲氏杏果专业合作社

一、单位概况

蓝田县娲氏杏果专业合作社位于陕西省西安市蓝田县华胥镇阿氏村，阿氏村位于华胥镇北 2 千米的半岭地区，是娲氏大杏的正宗中心产地，生态环境良好，空气质量好，是大自然赋予的天然氧吧，四季冷暖分明，光照充足，土层深厚，生长的杏树根深叶茂。阿氏村栽植大杏历史悠久，距今已有 160 多年。独特的地理环境、气候特征和数百年的栽植历史形成了优质的大杏品种。合作社成立于 2007 年，合作社社员 620 人，栽植优质大杏 2 800 亩，年生产鲜大杏 4 207.5 吨，年销售收入 2 104 万元，年休闲接待游客 1 万人，休闲收入 200 万元，年总收入 2 304 万元，年利润 700 万元。同时可间接带动交通运输、印刷包装业、餐饮业、旅游业等相关产业的发展，社会经济生态效益明显。蓝田县娲氏杏果专业合作社在大杏生产过程中，从大杏的花期、坐果到产品的包装、销售，严格按照标准化生产操作规程执行，从细节处保品质。2007 年获农业部无公害农产品认证；2008 年获农业部农产品地理标志证书；2011 年获第十八届中国杨凌农业高新科技成果博览会后稷奖；2020 年获评全国名特优新农产品。

二、纳入典范产品特征介绍

典范产品1：大杏

蓝田县娲氏杏果专业合作社在大杏种植过程中采用科学测土配方施肥技术，加强肥料监控体系建设，大力推广优质有机肥的使用。有机肥使用优质的鸡粪或羊粪，经腐熟后按照每亩 4 吨的标准进行沟施，提高土壤中的有机质含量，改善土壤结构，降低化肥污染，在培肥地力的同时也提高了作物抗病性。合理使用有机肥不但能够满足作物对营养的需求，还有效地保护产地环境安全，保证农产品的质量安全与品质特色，让生产出来的大杏个大、皮薄、果肉纤维少、浆质多、味香甜多汁、商品价值高。产品富含 β 胡萝卜素、锌等天然营养成分。

联系人	姜锁刚	联系电话	13669236668
传　　真	/	电子邮箱	/
通信地址	陕西省西安市蓝田县华胥镇阿氏村七组	网　　址	/

西安绿杰种养专业合作社

一、单位概况

西安绿杰种养专业合作社位于蓝田县白鹿原上安村镇下白村，成立于2017年，目前合作社占地150余亩，已建成草莓大棚57栋、育苗基地30余亩，以及400多平方米集草莓检测室、技术培训室、包装分拣室、电子商务室为一体的农业综合服务区，合作社现已吸纳建档立卡贫困户41户入股，带动了周边300余名群众劳务增收。截至2020年12月，已累计为贫困户和园区务工人员发放资金200余万元，累计免费培训贫困户和周边群众1 200余人次，合作社有高级农艺师3名、高级职业农民1名、职业农民5名。

目前合作社与西安邮电大学直播研究院成立了大学生支农小分队，为合作社及周边农户所生产的农产品进行网上销售奠定了基础。

通过全体社员的不懈努力，合作社2019年被西安市农林委评为十佳合作社，2020年被农业农村部评为全国农产品质量安全与营养健康科普生产经营主体，所生产的草莓被评为全国社会扶贫消费产品。

二、纳入典范产品特征介绍

典范产品1：草莓

合作社在肥料应用中以增加有机肥、减少化学肥料为原则。先抽样检测土壤含肥量成分（大量元素、中量元素和微量元素），根据土壤含肥量成分决定施肥量和施肥元素，主要采用以有机肥和生物菌肥为主、化肥为辅的应用方式。有机肥能熟化土壤，增强土壤的保肥功能、供肥能力和缓冲力，从而为作物的生长创造良好的土壤条件。有机肥能够为作物提供多种营养元素，其含有的微生物在分解有机质时产生的物质可以促进作物的生长、提高作物的产量和品质。合作社年平均亩施肥料为有机肥5 000千克、生物菌肥300千克、化肥3千克。

因有机肥的使用量逐年增加，基地的草莓大小均匀、晶莹剔透、酸甜适中、浆汁多。

联系人	雷飞	联系电话	13488210965
传　　真	029-82909856	电子邮箱	745731443@qq.com
通信地址	陕西省西安市蓝田县安村镇下白村五组	网　　址	/

西安市阎良区阎诚脆枣专业合作社

一、单位概况

西安市阎良区阎诚脆枣专业合作社位于阎良区武屯街道办沟王村，成立于2012年4月，注册资金350万元，现有合作社社员200户。有综合服务区3 500平方米，其中包含办公区、财务室、多功能会议室、包装分拣场所、检测室、电子商务运营中心等。另外还建有恒温冷库3个，速冻库2个，加工脆冬枣厂房1座共2 000平方米。

2012年注册“洪萃”商标，2016年通过绿色食品认证。合作社采用“农民专业合作社＋基地＋农户”统一管理，以“技术能人＋合作社＋农户”的合作社发展模式，推行“村两委＋合作社＋农户”的土地流转和反租倒包农户流转经营模式，流转土地500亩，建日光温室冬枣50亩、种苗繁育区50亩、现代化钢架大棚冬枣400亩，建成设施鲜食枣科普示范园600亩。

合作社通过新品种的引进、示范、推广，辐射带动周边村组农民社员鲜食枣种植面积达到3 000亩，通过合作社示范园的科技辐射，农民人均纯收入中枣产业的收入由40%提高到60%，其中设施枣效益占到农民纯收入65%以上，社员亩均收入1万～3万元。

二、纳入典范产品特征介绍

典范产品：脆枣

合作社在生产全过程严格按照绿色食品标准执行，投放市场的每一颗冬枣都能达到绿色食品要求。冬枣果形为椭圆形，成熟后外表淡黄色带红色，皮薄、肉厚、核小、脆甜，糖度高。

基肥以有机肥为主，用量2 000千克/亩。追肥冲施水溶肥两次，第一次花前冲施大量元素氮、磷、钾、钙以及微量元素镁、硼、铁、锌、锰、铜、钼等，补充冬枣需要的各种营养。第二次冲施黄腐酸钾水溶肥，促进作物呼吸，促进酶的活性，促进土壤微生物活性，促进养分吸收。

联系人	杨学红	联系电话	15114880188
传　　真	029-81660589	电子邮箱	2576530234@qq.com
通信地址	陕西省西安市阎良区武屯街办沟王村沟王组	网　　址	/

西安市阎良区科农瓜菜专业合作社

一、单位概况

西安市阎良区科农瓜菜专业合作社位于“中国甜瓜之乡”阎良，2008 年注册成立，是一家集甜瓜试验示范与推广、生产、服务与销售于一体的专业合作社。目前建有综合服务区 6 000 平方米，其中包含办公区、财务室、多功能会议室、甜瓜交易大棚、包装分拣场所、检测室等，建成日光温室大棚 100 余栋。合作社坚持以质量求生存，严格控制甜瓜品种选育、种植、生产管理、分拣包装、销售等各个环节的质量关，确保投放市场的每一枚甜瓜都是精品，让消费者买得放心、吃得健康。合作社主要种植模式为早春甜瓜和秋延甜瓜。早春甜瓜种植 11 月育苗、12 月定植、翌年 2 月中旬上市，亩均经济效益达到 2 万元以上。合作社先后获评西安十佳农民专业合作社、陕西省科农现代农业示范园等多种荣誉称号，同时获评职业农民实训基地、西安市青年创新创业孵化基地。

二、纳入典范产品特征介绍

典范产品：小籽新早蜜（厚皮）甜瓜

合作社在甜瓜生产全过程严格按照绿色食品标准执行，底肥使用腐熟牛羊粪，同时增施有机肥。在有条件的情况下主要以洁净的压榨菜籽饼、棉籽饼、豆饼等为主，一般亩最低用量 300 千克，最高可使用 500 千克，并采取有益菌如 EM 菌或专用腐熟发酵菌进行发酵腐熟，也可亩使用商品有机肥 500 ～ 1 000 千克。有机肥的使用可以提升甜瓜的口感风味和甜度，同时根据甜瓜需肥量和需肥规律，分别在苗期、伸蔓期、果实膨大初期和中期等时期，结合滴灌浇水和施肥同时进行，对甜瓜水肥进行精准化管理。施肥上，配合使用 3 ～ 5 千克 / 亩钙、镁、锌、铁等中微量元素和有机水溶肥，每次滴灌水量 4 ～ 6 立方米；果实膨大期使用 N（15 ～ 18）：P（0 ～ 5）：K（18 ～ 25），配合使用 5 千克 / 亩左右钙、镁、锌、铁等中微量元素和有机水溶肥，每次滴灌水量 8 ～ 12 立方米。甜瓜成熟后外表为白色略带黄，果实口感软糯香甜，汁水多。

联系人	张行	联系电话	13772122413
传　　真	/	电子邮箱	704514081@qq.com
通信地址	陕西省西安市阎良区关山街道办北冯村	网　　址	/

西安市阎良区国强瓜菜专业合作社

一、单位概况

西安市阎良区国强瓜菜专业合作社于2008年建成，建有日光育苗温室100多栋，发展种植骨架大棚400多栋，蔬菜、瓜果种植面积达2 200亩，试验示范西甜瓜立体栽培1 000余亩。合作社已注册了富秦牌商标。西瓜、甜瓜、蔬菜8个品种被认定为绿色食品A级产品，许可使用绿色食品标志。2015年获得ISO 9001质量管理体系认证证书。合作社的富秦牌甜瓜获评西安市人民政府授予西安名牌产品，冰糖雪梨和千玉一号甜瓜被指定为2016年G20农业部长会议陕西优质农产品品尝用果，入选2015年度全国名特优新农产品目录。2016年富秦牌商标被认定为西安市著名商标，2017年合作社被陕西省质量管理中心评为重质量守信誉先进单位、陕西省放心农产品示范单位。

二、纳入典范产品特征介绍

典范产品：甜瓜

合作社采用循环农业模式，整个生产过程做到了废弃物的减量化排放，大幅降低农药、化肥等不可再生能源的使用量。在甜瓜种植的前10天，使用腐熟有机肥为基肥，亩施用量1吨左右，加施生物有机菌肥80千克/亩，增施沼液，每亩30立方米（一年一次）。通过这种施肥方法提高了土壤有机质含量。根据甜瓜需肥量和需肥规律，分别在苗期、伸蔓期，以及果实膨大初期、中期、后期，结合滴灌、水肥一体化技术，对甜瓜水肥精准化管理。施肥上，苗期和伸蔓期使用N（15 ~ 20）：P（10 ~ 15）：K（25 ~ 30），配合使用2.5 ~ 5千克/亩钙、镁、锌、铁等中微量元素和有机水溶肥，每次滴灌水量6 ~ 8立方米；果实膨大期使用N（12 ~ 14）：P（6 ~ 8）：K（30 ~ 40），配合使用5千克/亩左右钙、镁、锌、铁等中微量元素和有机水溶肥，每次滴灌水量8 ~ 12立方米。头茬甜瓜采收后追施钾宝N-P-K（14-6-40+TE）水溶肥5 ~ 10千克。

联系人	杨辉	联系电话	17782816193
传　真	/	电子邮箱	524265704@qq.com
通信地址	陕西省西安市阎良区武屯街道东段南侧	网　址	www.gqgc.com

户县紫钻缘葡萄专业合作社

一、单位概况

户县紫钻缘葡萄专业合作社葡萄基地建于2013年，总占地101亩，专业种植地理标志性农产品户县葡萄。基地投资数百万精心呵护户太八号、阳光玫瑰品种，努力打造“紫钻缘”品牌，重点突出“健康、绿色、原产地”。

紫钻缘人怀着兢兢业业之心、质朴情怀，选址远离工业，远离马路，摒弃污染，全程不用任何激素、除草剂，自然开花坐果成熟，生产健康美味的原生态葡萄。依托“互联网+”拓展人脉，整合资源，口碑相传。

2019年在全国鲜食葡萄评优中获得优质奖；2020年8月在西安市葡萄评优中获得金奖；2020年9月在全国晚熟葡萄评比大赛中获得金奖；2020年被农业农村部评为农产品地理标志企业；2020年被中国绿色食品发展中心认定为绿色食品标志使用单位。

二、纳入典范产品特征介绍

典范产品：户太八号葡萄——紫钻缘娇子

娇子葡萄的3个特点：原生有籽、果形自然稀疏、有浓郁的玫瑰香味。

联系人	王卫国	联系电话	13991845652
传　　真	/	电子邮箱	372049322@qq.com
通信地址	陕西省西安市鄠邑区余下街道独庄村	网　　址	/

陕西绿庭生态农业开发有限公司

一、单位概况

陕西绿庭生态农业开发有限公司注册资本1 000万元，目前投入资金已超过了1 700万元，主要经营范围有绿色樱桃种植、白皮松种苗培育、农业科学研究和试验发展、农业技术开发、交流和推广等。公司具有丰富的农业项目实施经验和完善的项目管理制度，经营管理能力及技术储备情况良好。

基地占地面积约350亩土地。现有樱桃180余亩，其中樱桃温室大棚20亩，全部按照无公害樱桃培育技术管理，栽培无公害樱桃，主要种植红灯、早大果、艳阳、岱红、明珠、黑珍珠、美早、黄玉、水晶、萨米脱、白加黑、布鲁克斯、雷尼等。建有贮藏气调保鲜库1座，储量20吨。

2013年基地取得无公害产地认证及无公害农产品证书。2014年获评无公害樱桃标准化示范基地。2014年分别注册秦苑、LT两个商标。秦苑樱桃2015年获第二十二届农高会后稷奖，2017年被认定为绿色食品A级产品，并在2017年西安市樱桃评优中获优质奖，2019年在西安市樱桃评选大赛中获金奖，2020年获全国名特优新农产品证书，并在西安市樱桃评选大赛中获金奖。

二、纳入典范产品特征介绍

典范产品：绿色大樱桃

公司的樱桃生产基地位于白鹿原，土壤肥沃，地光热资源充分，日照充足，气温适宜，降水丰富，特别利于樱桃生长。基地以良好的自然环境为依托，根据国家标准不断完善绿色果品生产综合技术。肥料使用以农家肥发酵生物菌肥为主，配备少量优质复合肥。6月前采购大量鸡粪、羊粪，经过发酵、腐熟，秋冬足量施入。合作社通过有机肥、生物菌肥的施入，合理配置太阳能杀虫灯，生产出高档精优果品。果皮红色至紫红色；果面晶莹光亮，艳丽美观；果肉深红色至紫红色，肉质松软，肥厚多汁，甜酸适口，优质果率高。

联系人	王欣	联系电话	17791527052
传　　真	/	电子邮箱	1239801116@qq.com
通信地址	陕西省西安市灞桥区水安路迷村五组21号	网　　址	/

户县一农家庭农场

一、单位概况

户县一农家庭农场成立于2016年11月，葡萄种植规模98.6亩，主要经营设施葡萄种植、销售、观光采摘，年销售500万元以上，示范带动周边100多户葡萄种植户，质量管控严格按照国家标准执行。自成立以来，农场立足西安高新区精品水果优势特色产业，多元化促进自身产业增效、周围农民增收、家乡富裕为目标，园区严格按照“设施现代化、生产标准化、管理智能化、营销品牌化”的要求稳步发展。在葡萄种植过程中，使用富含有机质、微量元素等的有机肥，有效改善土壤有机质含量，增强葡萄甜度和微量元素含量。

二、纳入典范产品特征介绍

典范产品1：阳光玫瑰葡萄

农场种植生产的阳光玫瑰葡萄，果面光泽度高，果肉鲜脆多汁，玫瑰香味浓郁，可溶性固形物高，鲜食品质极优，并且耐储存、耐运输。这些优点源于农场多年来的精耕细作，每一项工作落实到人，并投入高效的钢架连栋大棚和水肥一体化设施，以及有机肥料的大量施入（每年每亩12～15吨）。一农家庭农场的阳光玫瑰葡萄以极优的品质被广大消费者认可，农场一号基地生产的阳光玫瑰葡萄于2021年8月被选定为中华人民共和国第十四届运动会官方特许商品。

联系人	苏锋	联系电话	13991175010
传　真	/	电子邮箱	1637539852@qq.com
通信地址	陕西省西安市鄠邑区秦渡街道稻务庄村	网　址	/

西安浐水源现代农业专业合作社

一、单位概况

西安浐水源现代农业专业合作社创立于 2009 年 7 月，注册资金 1 258 万元，基地位于长安区魏寨街道彭村，流转土地面积 160 亩，专注于鲜食葡萄种植，主要品种有东方蓝宝石、阳光玫瑰、妮娜女皇、紫美人、黑美人等，年产优质葡萄 160 吨，年产值 300 余万元。浐水源商标 2013 年荣获陕西省著名商标、西安市著名商标等荣誉。浐水源葡萄 2013 年获得绿色食品认证，2014 年被评为首届杨凌农高会后稷奖，近年来多次获评西安市葡萄金奖、全国葡萄金奖。

二、纳入典范产品特征介绍

典范产品：葡萄

浐水源葡萄生产区域土壤母质为黄土或黄土状物质，土壤有机质和矿物质含量高，平均气温 13.2℃，地表温度年平均温度 15.8℃，昼夜温差适宜，有利于干物质累积，对发展质优味美、健康无污染的葡萄产业，具有得天独厚的自然条件优势和产业基础。浐水源葡萄外观新鲜清洁，有光洁；穗形完整，整齐度良好；果穗紧密度适中，平均果穗重 700 克左右。果粒饱满，大小均匀，平均果粒重 10 ～ 13 克，呈椭圆形，果粒大小均匀；皮薄，果肉质地脆、汁液丰富；味甜，具有玫瑰香味。

联系人	崔亚玲	联系电话	13609251836
传　　真	029-85832688	电子邮箱	/
通信地址	陕西省西安市长安区魏寨街办彭村	网　　址	/

西安漫花园艺有限公司

一、单位概况

西安漫花园艺有限公司葡萄园位于西安市长安区大兆街办倪孟新村，占地面积 270 亩，于 2019 年 3 月初由西安漫花园艺有限公司投资建设，园区以生态农业为基础，以农业高新技术应用为具体实践，以全球高端葡萄品种阳光玫瑰为主，搭配以贵夫人、摩尔多瓦、巨玫瑰、火焰无核等畅销葡萄品种，是目前长安区大规模的葡萄种植园区之一。园区目前投资 900 万元，已建成投产。建设有塑料温室大棚 61 栋，严格按照绿色食品生产要求种植葡萄，年生产葡萄 350 吨，以先进的理念和技术指导，科学种植，合理使用有机肥料。

二、纳入典范产品特征介绍

典范产品：葡萄

公司在葡萄生产过程中使用环保优质有机肥，降低氮肥等化学肥料的使用，保证了农产品的品质，让每串葡萄色香味形兼备、颜色自然、颗粒均匀、香味浓郁、酸甜比良好、有肉质感。葡萄基地土壤有机质和矿物质含量高，昼夜温差适宜，有利于干物质累积。

联系人	周涛	联系电话	18909276782
传　　真	029-85835069	电子邮箱	/
通信地址	陕西省西安市长安区大兆街办孟家岩村	网　　址	/

西安禹奎种养殖专业合作社

一、单位概况

西安禹奎种养殖专业合作社位于长安区引镇南堡村，交通干道雁引路旁，直通市区，交通便利。合作社成立于2014年，注册资金300万元，发展社员83户，流转土地120余亩，主要从事反季节设施大棚生态草莓种植，种植面积达园区总面积的75%。合作社2017年被长安区农业农村局评为长安区职业农民实训基地，2018年被西安市科学技术局评为科技示范户，2019年被西安市农产品质量安全检验监测中心评为标准化基地，2020年2月被西安市农业农村局评为2019年度西安市农民专业合作示范社十佳示范社。园区种植的草莓产品在2019年第18届中国（济南）草莓文化旅游节中获金奖。

二、纳入典范产品特征介绍

典范产品：草莓

主栽品种有红颜、章姬，是全国名特优新农产品。果实圆锥形，平均单果重20～40克，果个适中，果面鲜红或绯红，有光泽，果肉细腻，呈白色或浅红色，入口绵甜，香味浓郁。在草莓种植的过程中每年按照每亩1吨标准在整地时施入微生物菌肥。追肥在植株生长旺盛时期进行，施入腐殖酸冲施肥料。另外根据土壤和叶分析结果进行营养诊断，追施氮磷钾肥料。生态环保农业投入品的使用，让颗颗草莓颜色自然、颗粒均匀、香味浓郁、有肉质感。

联系人	董金苹	联系电话	13484931653
传　　真	/	电子邮箱	/
通信地址	陕西省西安市长安区引镇街道南堡村	网　　址	/

第三部分

业务技术依托机构

北京中化联合认证有限公司

北京中化联合认证有限公司（简称 HQC）于 2001 年由原国家化学工业部中国轮胎产品认证委员会和中国乳胶制品认证委员会改制成立，是经国家认证认可监督管理委员会批准（批准号：CNCA-R-2002-075）、中国认证机构国家认可委员会认可（注册号：CNAS C075-P、CNAS C075-P）的从事认证评价服务工作的国有独资法人实体，是由中国石油和化学工业联合会管理的第三方专业认证评价机构。

HQC 是石油和化工行业唯一具有强制性产品认证资质并同时开展品质、环保、安全、节能、绿色等产品认证，质量、环境、职业健康安全、能源等管理体系认证以及绿色制造体系评价、温室气体排放核查、课题研究、标准制定、技术推广的综合性认证评价机构，是目前为数不多的在职业健康安全体系领域中的 12 大类（化学品、化学制品及纤维）通过 CNAS 认可的认证机构。

产品认证证书

证书编号：2021P0032R0L

申请人名称：[redacted]
申请人地址：[redacted]
制造商名称：[redacted]
制造商地址：[redacted]
生产厂名称：[redacted]
生产厂地址：[redacted]

认证单元：复肥
该单元覆盖的产品系列/品种组、规格/品种：
见证书附件
认证用标准和技术要求：
HQC-02-J-74-2019
认证模式：
初始工厂检查+产品检测+获证后监督

上述产品符合《中化产品绿色认证实施规则》的要求，特此发证，并准许使用中化产品绿色认证标志。

发证日期：2021 年 03 月 24 日
初次发证日期：2021 年 03 月 24 日
证书有效期至：2024 年 03 月 23 日

总经理：

自颁证第二年起，本证书须与北京中化联合认证有限公司每年定期监督后发放的"保持认证通知书"一并使用方有效。本证书有效状态及获证后相关服务等信息请扫描本证书右上角二维码，关注"中化联合认证HQC"微信公众号，进入客户服务栏目，或登陆HQC网站www.hqc-china.com查询，亦可登陆国家认监委网站www.cnca.gov.cn查询。

中化绿色产品认证

北京中化联合认证有限公司

地址：北京市朝阳区北苑路 170 号 6 号楼 4 层 邮编：100101 电话：010-58235228/5338

产品认证证书

证书编号：0752021P0050R3

申请人名称：[redacted]
申请人地址：[redacted]
制造商名称：[redacted]
制造商地址：[redacted]
生产厂名称：[redacted]
生产厂地址：[redacted]
认证单元：复肥
该单元覆盖的产品系列、品种、规格：
复合肥料
认证用标准和技术要求：
GB 38400—2019
认证模式：
产品抽样检测+初始工厂检查+获证后监督
上述产品符合 HQC《环保生态肥料产品认证实施规则》的要求，特此发证，并准许使用中化产品认证标志。

发证日期：2021 年 05 月 26 日
初次发证日期：2012 年 06 月 12 日
证书有效期至：2024 年 06 月 06 日

总经理：

自颁证第二年起，本证书须与北京中化联合认证有限公司每年定期监督后发放的"保持认证通知书"一并使用方有效。本证书有效状态及获证后相关服务等信息请扫描本证书右上角二维码，关注"中化联合认证HQC"微信公众号，进入客户服务栏目，或登陆HQC网站www.hqc-china.com查询，亦可登陆国家认监委网站www.cnca.gov.cn查询。

北京中化联合认证有限公司

地址：北京市朝阳区北苑路 170 号 6 号楼 4 层 邮编：100101 电话：010-58235228/5338

产品认证证书

证书编号：2021P0021R0M

申请人名称：[redacted]
申请人地址：[redacted]
制造商名称：[redacted]
制造商地址：[redacted]
生产厂名称：[redacted]
生产厂地址：[redacted]
认证单元：农药乳油
该单元覆盖的产品系列、品种、规格：
4.5%高效氯氰菊酯乳油，10%氯氰菊酯乳油
认证用标准和技术要求：
HG/T 4576—2013
认证模式：
产品抽样检测+初始工厂检查+获证后监督
上述产品符合 HQC《环保型农药乳油产品认证实施规则》的要求，特此发证，并准许使用中化产品认证标志。

发证日期：2021 年 02 月 08 日
初次发证日期：2021 年 02 月 08 日
证书有效期至：2024 年 02 月 07 日

总经理：

自颁证第二年起，本证书须与北京中化联合认证有限公司每年定期监督后发放的"保持认证通知书"一并使用方有效。本证书有效状态及获证后相关服务等信息请扫描本证书右上角二维码，关注"中化联合认证HQC"微信公众号，进入客户服务栏目，或登陆HQC网站www.hqc-china.com查询，亦可登陆国家认监委网站www.cnca.gov.cn查询。

北京中化联合认证有限公司

地址：北京市朝阳区北苑路 170 号 6 号楼 4 层 邮编：100101 电话：010-58235228/5338

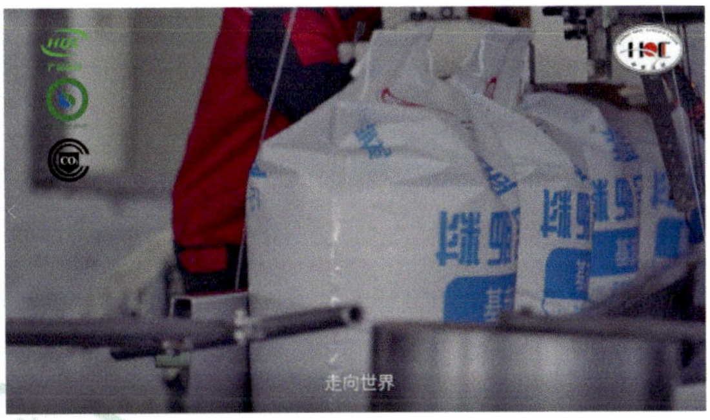

HQC 被农业农村部产品质量安全中心确定为全国生态环保优质农业投入品（化工产品）评价技术机构，被国家认监委指定为首批 CCC 认证机构及中国绿色产品认证机构，被工信部指定为节能诊断服务市场化机构、绿色制造体系评价机构，被国家经信委指定为绿色诊断服务机构，加盟中国循环经济协会，成为绿色制造与在制造专业委员会会员单位企业，获得国家高新技术企业称号。

CAQS-TRP-001

全国生态环保优质农业投入品

评价技术机构

（化工产品）

农业农村部农产品质量安全中心

高新技术企业

证书

企业名称：北京中化联合认证有限公司

证书编号：GR201811004578

发证时间：2018年10月31日

有 效 期：三年

批准机关：

联系人	杨晓营	联系电话	18515618360
传　　真	010-82107077 010-82108702	电子邮箱	729693224@qq.com
通信地址	北京市朝阳区北苑路170号6号楼4层	网　　址	www.hqc-china.com

农业农村部微生物肥料和食用菌菌种质量监督检验测试中心

农业农村部微生物肥料和食用菌菌种质量监督检验测试中心（简称中心）是农业农村部授权的经过国家计量认证的法定专职检验机构，具有第三方地位，是社会公益性的非营利技术服务事业单位。中心于 1995 年 12 月首次通过部级双认证评审，承担全国微生物肥料产品登记受理和产品质量检测等工作；2015 年 9 月后，受农业农村部种植业管理司委托，承担全国微生物肥料登记用产品质量检测、菌种鉴定、安全性评价、监督抽查等工作。2019 年 7 月，经农业农村部农产品质量安全中心批准，成立全国生态环保优质农业投入品（肥料产品）评价技术机构，承担生态环保优质农业投入品（肥料产品）相关技术评价、技术研发、技术服务、技术培训、技术咨询、生产指导和应用推广等工作。同时，中心还是全国名特优新农产品营养品质评价鉴定机构、全国名特优新农产品全程质量控制技术中心、农业农村部微生物产品质量安全风险评估实验室（北京）、中国微生物学会农业微生物学专业委员会、北京微生物学会的依托单位。

中心现有实验室面积近 1 030 平方米，设业务办公室和检测室，现有人员 29 人，其中 14 人具高级职称，博士 12 名，具备了微生物肥料及有机肥料、土壤、食用菌菌种及产品等 4 大类 34 个产品 93 个参数的检测能力。中心主要工作内容包括以下 5 项。

1. 求真务实把好微生物肥料产品质量关，为国家决策和行业发展提供依据与建议。

中心受农业农村部种植业管理司委托，做好微生物肥料产品市场准入登记的受理、产品质量检测、菌种鉴定、风险评估等工作。此外，作为唯一的微生物肥料质检单位，承担全国肥料监督抽查工作，负责全国微生物肥料产品的抽查和检测，累计抽检企业 176 家，抽检产品 285 个，累计全国 29 个省、自治区和直辖市，基本摸清了微生物行业的整体现状，为国家决策和行业发展提供依据与建议。

2. 开创生态环保优质微生物肥料产品认定和名特优新农产品品质评价工作，助力“绿色兴农、科技兴农、品牌强农”发展战略。

中心联合农业农村部农产品质量安全中心认定了全国首批 29 家微生物肥料生产企业，实现了中心业务范围的拓展，即从以微生物肥料质量安全为主，拓展到生态、环保、优质微生物肥料产品认定、微生物肥料生产应用全程质量控制技术，以及微生物肥料使用后对名特优新农产品的影响及其认定评价技术服务工作。

3. 标准制定跨上新台阶，基本建成了微生物肥料标准体系。

中心已颁布实施且现行有效微生物肥料标准共计 21 项，涵盖了通用标准、菌种 / 安全标准、产品标准、方法标准和技术规程，初步构建了具有我国特色的微生物肥料标准体系，也是国际上首创的微生物肥料标准体系。上述标准体系在产品生产、登记、销售、流通等各个环节被政府部门采用。

4. 坚持检测与科研并重，科研促进检测。

中心积极承担课题研究，先后主持欧盟合作项目、国家自然科学基金项目、现代农业产业技术体系项目、国家“863 项目”、国家“973 项目”子专题、国家重点研发计划子课题、科技部基础性项目、行业标准制（修）订等项目等 60 余项，科研经费超 4 000 万元，培养博士研究生 10 名、硕士生 40 名，发表研究论文 200 多篇，出版专著 12 部。

5. 发挥技术优势，努力做好技术服务。

中心充分发挥“人才培训中心”的作用，面向全国开展技术培训。十多年来中心先后举办了 20 期微生物肥料标准和技术培训班，对于规范和促进行业健康发展起到了重要作用。

检验检测机构
资质认定证书
编号：190004091486
名称：农业农村部微生物肥料和食用菌菌种质量监督检验测试中心
地址：北京市海淀区中关村南大街12号土肥楼（100081）
经审查，你机构已具备国家有关法律、行政法规规定的基本条件和能力，现予批准。可以向社会出具具有证明作用的数据和结果，特发此证。资质认定包括检验检测机构计量认证。
检验检测能力及授权签字人见证书附表。
你机构对外出具检验检测报告或证书的法律责任由中国农业科学院农业资源与农业区划研究所承担。
许可使用标志
MA
190004091486
发证日期：2019年01月02日
有效期至：2025年01月01日
发证机关：
本证书由国家认证认可监督管理委员会监制，在中华人民共和国境内有效。

中华人民共和国农业农村部
审查认可证书
根据《农业部产品质量监督检验测试中心基本条件》的要求，对你单位承建的农业农村部 微生物肥料和食用菌菌种质量 监督检验测试中心（　　）经审查合格，特发此证。
证书编号：（ 2019 ）农（质监认）字 FC 第1045 号
有效日期： 2022 年01 月07 日
发证日期： 2019 年01 月08 日
批准部门盖章

农产品质量安全检测机构
考核合格证书
证书编号：[2019] 农质检核（国）字第0116号
名称：中国农业科学院农业资源与农业区划研究所[农业农村部微生物肥料和食用菌菌种质量监督检验测试中心]
地址：北京市海淀区中关村南大街12号
根据《中华人民共和国农产品质量安全法》和《农产品质量安全检测机构考核办法》的规定，经审查，你单位已具备农产品质量安全检测机构的基本条件和能力，考核合格。特发此证。
批准的检测范围见证书附表。
准许使用标志
CATL
发证日期：2019 年 01 月 08 日
有效期至：2025 年 01 月 07 日
发证机关（盖章）
中华人民共和国农业农村部

联系人	姜昕，马鸣超	联系电话	13801307102
传　　真	010-82107077 010-82108702	电子邮箱	jiangxin@caas.cn
通信地址	北京市海淀区中关村南大街12号 中国农业科学院土肥楼	网　　址	www.biofertilizer95.cn

河北农业大学

河北农业大学是河北省人民政府与教育部、农业农村部、国家林业和草原局分别共建的省属重点骨干大学，国家大众创业万众创新示范基地，全国深化创新创业教育改革示范高校，教育部卓越工程师、卓越农林人才教育培养计划实施高校，河北省“双一流”建设高校。学校创建于 1902 年，是我国最早实施高等农业教育的院校之一，也是河北省建立最早的高等院校。百年积淀，学校形成了鲜明的办学特色，坚持“农业教育非实习不能得真谛，非试验不能探精微，实习试验二者不可偏废”的教学原则，秉承“崇德、务实、求是”的校训，开创了享誉全国的“太行山道路”，培育了“艰苦奋斗、甘于奉献、求真务实、爱国为民”的“太行山精神”，多次受到党和国家的肯定与表彰，成为高等教育的一面旗帜。先后培养毕业生 40 多万名，涌现出了一批批兴业英才、学术骨干、管理才俊，如董玉琛、刘旭、杨志峰、赵春江、郭子建等 11 名院士，君乐宝集团创始人魏立华，全球青年领袖石嫣等。2016 年，习近平总书记对李保国同志先进事迹作出重要批示，称赞他是新时期共产党人的楷模、知识分子的优秀代表、太行山上的新愚公。

农业农村部全国名特优新农产品良好农业保定技术中心（以下简称技术中心）依托于河北农业大学，充分发挥学校的多学科人才和技术优势，在创新平台、人才培养、服务雄安新区自贸区建设、国际交流合作、良好农业农产品进出口等方面具有显著优势。河北农业大学先后被授予全国名特优新农产品良好农业保定技术中心（CAQS-GA-JSZX-001）、全国生态环保优质投入品评价技术机构（CAQS-TRP-011）、全国名特优新农产品全程质量控制技术保定中心（CAQS-GAP-KZZX044）、全国名特优新农产品营养品质评价鉴定机构（CAQS-PJ-0097）等资质。依托学校作为评价技术机构，为投入品主体提供全产业链全方位全能试点创建与开展技术指导服务与评价现场指导，积极组织标准制定，规范制度管理加强技术创新，因地制宜，因企制宜、因品质宜，按照试点主体创建需求量身定制制定相关标准体系，充分展现试点特色及品级，积极推进投入品生产与应用的生态环保优质化。着力满足绿色优质与特色农产品生产供给需求。同时加强后期的技术指导与监督，保障试点工作的持续良好开展。

2021 年国家农产品质量安全中心共批准全国生态环保优质农业投入品首批植保产品和第二批肥料产品生产与应用试点 165 家、全国农产品全程质量控制技术体系（CAQS-GAP）试点生产经营主体 260 家，河北农业大学共评价推荐 32 家企业获评“生态投”生产与应用试点、22 家农产品生产主体获评“全程控”技术体系试点。

自技术中心成立以来，秉承“务实、客观、科学、公正、廉洁”的宗旨，贯彻“面向社会、公正严谨”的指导思想，在农业农村部、国家认监委等有关部门的领导和支持下，致力于全国生态环保优质生产品（肥料、植保用品、绿色优质与特色农产品生产供给）的评价事宜，不断提高自身能力和综合素质，持续扩大业务范围，为我国的植保用品、肥料、优质与特色农产品的绿色和安全进一步发展奠定基础。

联系人	苑士涛	联系电话	15194768341
传　　真	0312-7521255	电子邮箱	lianghaonongye@hebau.edu.cn
通信地址	河北省保定市莲池区灵雨寺街289号河北农业大学	网　　址	www.hebau.edu.cn

浙江省农业科学院农产品质量安全与营养研究所

浙江省农业科学院农产品质量安全与营养研究所（简称质量营养所）是一家集农产品质量安全与营养领域的科学研究、标准制修订、农业检测及农业投入品应用评价等于一体的专业性研究机构。

农药应用评价与农产品安全生产研究中心（简称农药中心）是质量营养所下设的研究机构。农药中心瞄准农药及化学品安全性评价的国内外学科前沿和国家环境健康研究的重大需求，具体承担农药及化学品应用评价、生态毒理、环境行为与代谢、残留化学、产品化学、农产品安全生产的科学研究和技术服务工作。现有技术人员70余人，仪器设备2 630余万元，建有5 900平方米的实验大楼、7 500平方米的中宇宙试验系统和56亩农药安全性评价试验基地，建立了符合农业农村部农药登记试验质量管理规范和生态环境部新化学物质合格实验室规范的质量体系。2021年7月15日被批准成为全国生态环保优质农业投入品评价技术机构。

农药中心自20世纪60年代开始承担农药登记药效和残留试验，多年来专注于农药登记药效、残留、环境、产品化学等试验，经过50多年的发展，已与国内1 000余家农药公司以及美国、日本、以色列、印度、意大利等15个国家和地区的40家企业建立了稳定的合作关系，并已为农药和新化学物质登记管理部门提供了大量的试验数据和报告。

农药中心可进行的生态毒理试验有如下6类。

①产品化学：理化性质、产品质量检测/储存稳定性试验。

②残留：农作物残留试验，包括室内检测和田间试验。

③生态毒理试验：A类14项（全项）、B类7项（全项）、C2、C3、D类6项（全项）。

④环境归趋试验：A类8项（全项）。

⑤药效试验：杀虫剂、杀菌剂、除草剂、植物生长调节剂。

⑥生态环境部化学品测试。

农药中心依托省部共建国家重点实验室、农业农村部和浙江省重点实验室等平台，致力于农药环境安全评估及农产品质量安全等方面的研究和技术服务。

农药中心始终坚持以科研为中心，以技术服务为导向，努力为我国农业生态保护、农药安全使用和风险监测以及农产品安全生产提供技术支撑，有如下 5 类。

①农药研发早期活性和环境毒性评估。

②新农药环境风险评估——田间监测与消散试验。

③标准制修订和标准化。

④农药产品登记后的长期评估跟踪。

⑤农产品安全生产与质量控制。

浙江质量营养所作为全国生态环保优质农业投入品评价技术机构（全国统一编号 CAQS-TRP-018），可以在全国范围内承担生态环保优质农业投入品（肥料产品和植保产品）相关技术评价、技术研发、技术服务、技术培训、技术咨询、生产指导和应用试点等工作。

联系人	林蓓颖	联系电话	0571-86404146 15958022292
传　　真	0571-86401834	电子邮箱	linbeiying@126.com
通信地址	杭州市德胜中路298号浙江农业科学院新区1号楼5050	网　　址	/

山东省农业科学院农业质量标准与检测技术研究所

山东省农业科学院农业质量标准与检测技术研究所（简称山东质标所）成立于1980年，主要从事农产品、产地环境及农业投入品检测技术、质量安全风险评估和农业标准化研究，现有农业农村部食品质量监督检验测试中心（济南）、农业农村部农产品质量安全风险评估实验室（济南）、农业农村部农药登记残留试验单位、山东省食品质量与安全检测技术重点实验室等11个科研、检测平台，相继被授权为绿色食品、无公害农产品、有机农产品和地理标志产品定点检测机构，具有农业农村部农药登记残留试验资质。

山东质标所先后主持承担国家、部省级科研项目130余项，包括国家自然科学基金、国家科技支撑计划子课题、农业农村部“948”计划项目、公益性行业（农业）科研专项子课题、山东省自主创新与成果转化专项、山东省农业科学院创新工程专项等；获得省部级科技成果奖励12项；累计发表学术论文93篇，其中SCI收录30篇；获得授权发明专利29项，获得软件著作权99项；制修订各类标准80余项，其中国家和农业行业标准30项。

山东质标所连续承担国家农产品质量安全监测、国家农产品质量安全风险评估和应急监测、优质农产品申报检验和监督抽查以及农药残留登记试验与限量标准制定等任务，牵头组织山东省农畜产品质量安全监测、能力验证和技术培训等工作，为政府科学监管、应急处置、引导消费提供强有力的技术支撑。

联系人	董崭，官帅	联系电话	15054161018
传　　真	/	电子邮箱	nongyaocanliu9006@163.com
通信地址	山东省济南市历城区工业北路202号	网　　址	zbs.qlsn.cn：8000/n

西安市农产品质量安全检验监测中心

西安市农产品质量安全检验监测中心（简称中心）成立于2004年，是西安市政府批准成立的独立法人全额拨款事业单位。近年来，中心通过了陕西省市场监督管理局的检验检测机构资质认定评审和陕西省农业农村厅的农产品质量安全检测机构考核评审，获得CMA和CATL资质，目前授权6大类76种产品111项参数，被授予农业农村部农产品质量安全风险评估实验站（西安）、全国名特优新农产品全程质量控制技术机构（西安中心）、全国名特优新农产品营养品质评价鉴定机构、全国农产品质量安全与营养健康科普基地、全国生态环保优质农业投入品评价技术机构、全国农产品包装标识评价技术西安中心等资质。

中心本着“立足检测、服务社会”的原则，恪守“严格管理、质量第一、科学公正、及时准确”的质量方针，严格按照法律法规以及相关标准规范开展检测，守护西安市人民的“菜篮子”安全。连续10年开展西安市农产品质量安全检测技能竞赛活动，积极参加省级、部级技能竞赛，连续多年荣获团体及个人奖项，大大提升了西安市农产品质量安全基层技术水平，对推进农产品质量安全检验检测体系和人才队伍建设发挥了重要作用。主动对接各区县，4年内完成了市辖8个涉农区县检测中心“双认证”，同时结合全市主导产业布局，认定了猕猴桃、葡萄、草莓、大杏、石榴、樱桃、甜瓜、设施蔬菜等8个特色产业农产品质量安全风险评估实验站，实现“双认证”和“市级风险评估实验站”全覆盖。注重产研结合，坚持在生产一线搞研究，先后承担国家农产品质量安全风险评估项目、省市科技项目10余项，获得省市科技进步奖5项，发表文章50余篇，发布各类标准规程10余项。中心坚持党建引领，推动党建与业务融合发展，成立了西安市农产品质量安全技术服务队，各类技术人员结合专业特长，从标准化生产、检验检测、监督管理、“三品一标”认证和品牌建设等方面为农业生产经营主体提供高质量的培训指导服务，为切实加强农产品质量安全监管提供体术支撑。

联系人	郭建安	联系电话	13088963626
传　　真	029-84299544	电子邮箱	xanjzx@126.com
通信地址	陕西省西安市莲湖区西二环193号	网　　址	www.xancpzlzs.org.cn